일반 물리학 실험 01

Physics Experiment

신홍기 · 이용산 · 이정재 지음

교문사

청문각이 교문사로 새롭게 태어납니다.

차례

Experiment 01 실험기기 및 부품

1. 실험 목적 5
2. 길이 정밀 측정 5
3. 역학종합실험 장치(Introductory Mechanics System) 6
4. 주의 사항 9

Experiment 02 길이 정밀 측정

1. 실험 목적 17
2. 실험 이론 17
3. 실험 기구 20
4. 실험 방법 20

Experiment 03 용수철을 사용한 힘의 측정

1. 실험 목적 33
2. 실험 이론 33
3. 실험 기구 34
4. 실험 방법 34

Experiment 04 힘의 합력과 분력

1. 실험 목적 45
2. 실험 이론 45
3. 실험 기구 47
4. 실험 방법 47

Experiment 05 돌림힘(짝 힘)

1. 실험 목적 63
2. 실험 이론 63
3. 실험 기구 64
4. 실험 방법 64

Experiment 06 질량 중심

1. 실험 목적 79
2. 실험 이론 79
3. 실험 기구 80
4. 실험 방법 80

Experiment 07 경사면

1. 실험 목적 93
2. 실험 이론 93

3. 실험 기구 94
4. 실험 방법 94

Experiment 08 미끄럼 마찰력

1. 실험 목적 109
2. 실험 이론 109
3. 실험 기구 110
4. 실험 방법 110

Experiment 09 지렛대

1. 실험 목적 123
2. 실험 이론 123
3. 실험 기구 124
4. 실험 방법 124

Experiment 10 도르래

1. 실험 목적 137
2. 실험 이론 137
3. 실험 기구 138
4. 실험 방법 138

Experiment 11 횡파의 정상파

1. 실험 목적 151
2. 실험 이론 151
3. 실험 기구 153
4. 실험 방법 155

Experiment 12 종파의 정상파

1. 실험 목적 167
2. 실험 이론 167
3. 실험 기구 169
4. 실험 방법 170

Experiment 13 줄의 공명

1. 실험 목적 179
2. 실험 이론 179
3. 실험 장비 및 부품 181
4. 실험 장치 설치 183
5. 실험 방법 184

실험기기 및 부품

Experiment 01

1 실험 목적

실험에서 사용할 기기 및 구성 요소들을 미리 살펴보고, 용도와 사용법을 익힌다.

2 길이 정밀 측정

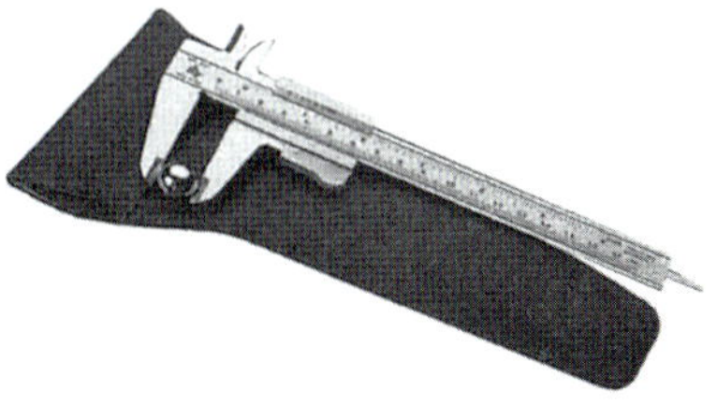

• **버니어캘리퍼스(Vernier Callipers)**

버니어가 달린 캘리퍼스를 버니어캘리퍼스라고 하는데, 구의 지름이나 원통의 내경, 외경 혹은 깊이 등을 정밀하게 측정하는 기기이다. 보통은 0 ~ 150 mm 범위의 길이를 0.05 mm(50 μm)의 정밀도로 측정할 수 있는 버니어캘리퍼스를 사용한다.

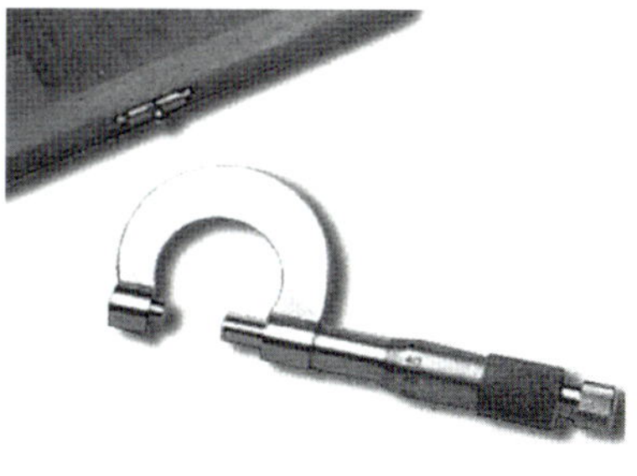

• **마이크로미터(Micrometer)**

마이크로미터는 물체의 두께, 길이 등을 정밀하게 측정하는 기기이다. 보통은 0 ~ 25 mm의 길이를 0.01 mm(10 μm)의 정밀도로 측정할 수 있다. 마이크로미터는 고정된 틀에 눈금이 표시된 어미자와 회전 손잡이에 눈금이 표시된 아들자로 이루어져 있다.

• **구면계(Spherometer)**

구면계는 물체의 곡률을 0.01 mm의 정밀도로 측정할 수 있는 기기로서, 고정된 3개의 다리와 중앙에 수직 방향으로 움직일 수 있는 다리로 이루어져 있다.

3 역학종합실험 장치(Introductory Mechanics System)

- **실험보드(Experiment Board): 1개**

  용수철저울, 각도기, 도르래, 경사면, 토크휠 등 자석이 붙은 부품이 부착될 수 있다.

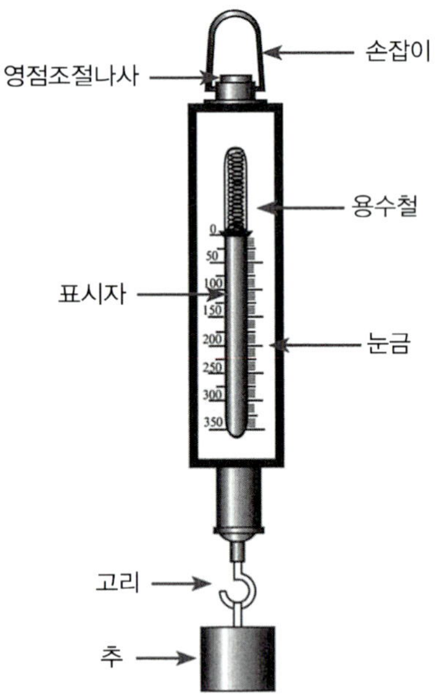

- **용수철저울(Spring Balnace): 1개**

  N, g, mm 눈금으로 힘, 질량, 변위 측정이 가능하다. 용수철저울을 사용할 때는 먼저 저울상단의 영점 조정나사를 사용하여 영점을 조정한다.

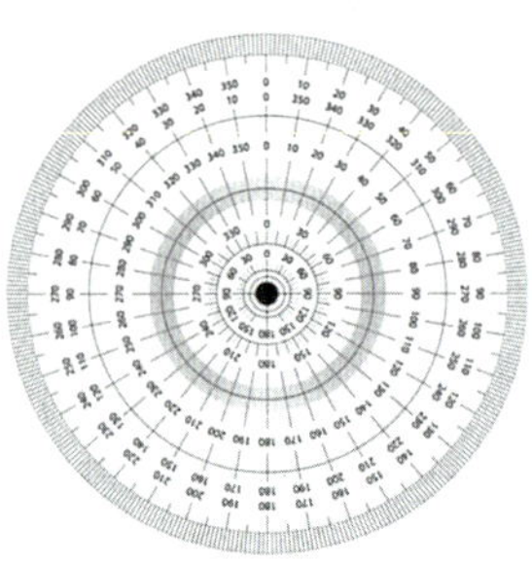

- **각도자(Degree Scale with Holding Pin): 1개**

  작용된 힘의 방향을 측정하는 데 사용된다. 중앙 주변에 원이 그려져 있다. 고정핀이 매달려 있어서 링을 각도자 중앙에 고정시킬 수 있다.

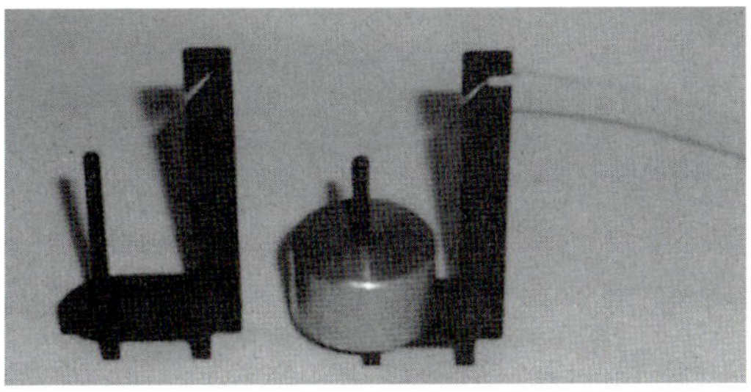

• 추걸이(Mass Hanger): 3개

추를 올려놓을 수 있다. 실로 추걸이를 묶을 때는 추걸이에 패인 홈에 두세 번 끈을 돌리기만 하면 된다. 추걸이의 질량은 5 g이다.

• 균형막대(Balance Beam): 1개

균형을 잡는 데 사용하는 막대로 보통 피벗 장착대에 끼우고 사용한다. 양쪽 끝에 고리 달린 축받이통을 끼워서 매달린 추걸이의 위치를 조정할 수 있다. 균형막대의 질량은 30 g이고 축받이통의 질량은 고리와 합해서 2.2 g이다.

• 굴림추(Rolling Mass): 1개

두 방향의 힘을 작용할 수 있도록 브라켓이 있다. 경사면 실험에서 마찰이 작은 물체로 사용된다.

• 도르래(Pulley): 큰 도르래 1개, 작은 도르래 2개

• 도르래 블록(Pulley Block): 1개

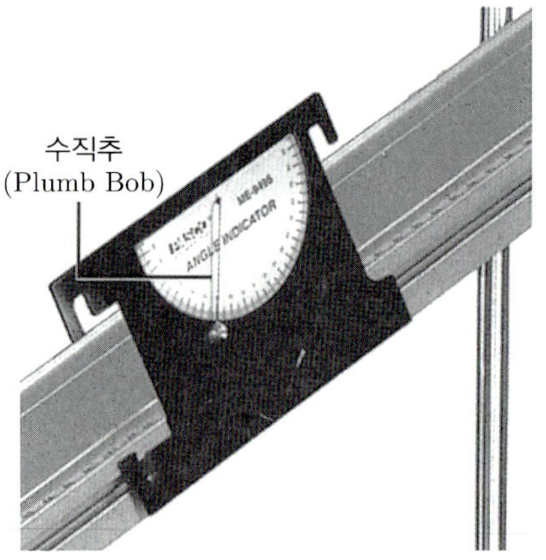

- **경사면(Inclined Plane): 1개**

  경사각을 알 수 있도록 각도기가 붙어 있고 그 아래로 수직추가 달려 있다.

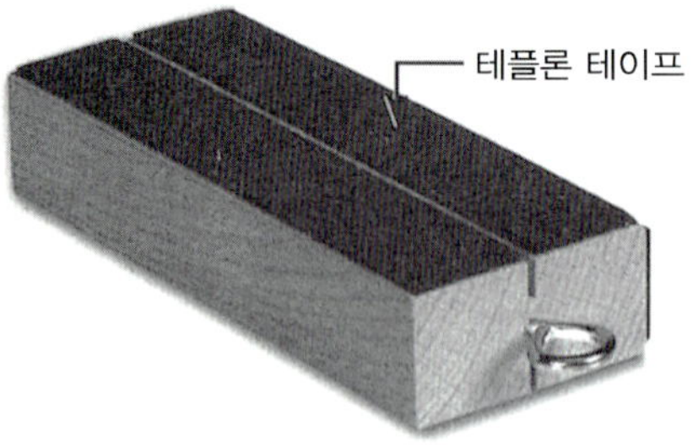

- **마찰블록(Friction Block): 1개**

  넓은 면과 좁은 면으로 이루어진 나무블록으로 한쪽 면에는 테플론 테이프를 붙여서 바닥의 마찰이 적도록 하였다.

- **토크휠(Torque Wheel): 1개**

  여러 개의 질량을 매달아 고정점과 힘점까지 수직거리를 측정할 수 있게 만든 판

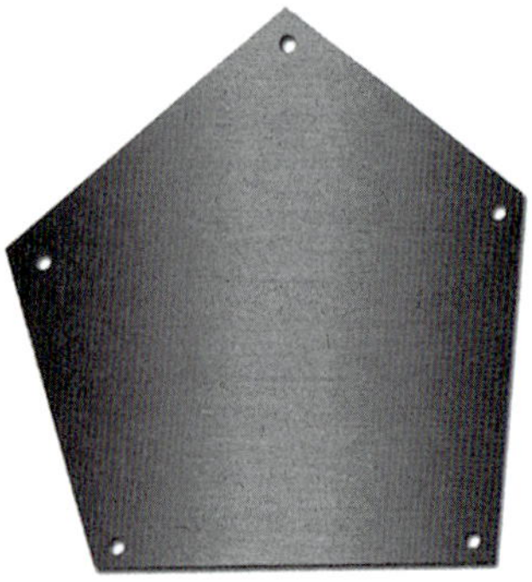

- **평면추(Planer Mass): 1개**

- 추(Mass)
  1. 100 g 2개
  2. 50 g 2개
  3. 20 g 4개
  4. 10 g 2개

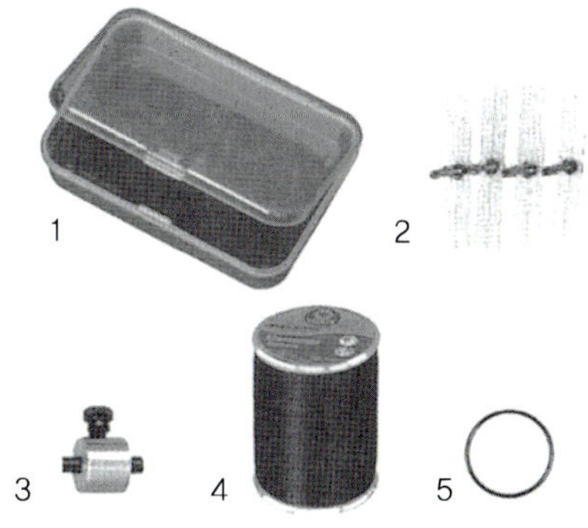

1. 투명 박스 1개
2. 토크표시기(Torque Indicator) 4개
3. 축받이통(Plastic Retainer) 3개
4. 실타래(Spool of String) 1개
5. 링(Force Ring) 1개

4 주의 사항

실험보드로부터 자석이 달린 부품을 떼어내거나 이동시킬 때는 반드시 중간대를 잡고 당기거나 받침대를 밀어야 한다. 절대로 머리 부분을 잡아당기거나 중간대를 밀어서는 안 된다.

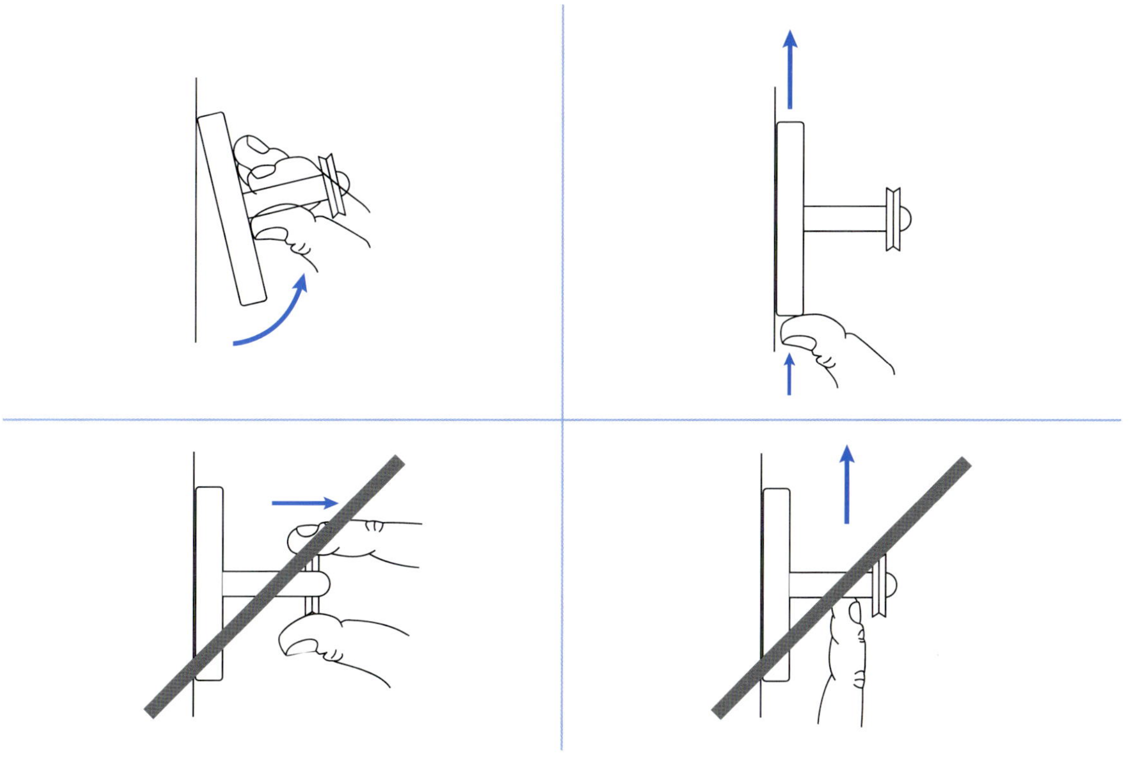

Report

01 실험기기 및 부품

학과:	이름(조):	공동실험자:
학번:		
실험수행일자:	당일 레포트 완성	1주 후 레포트 완성
조교확인: ㊞	조교확인: ㊞	조교확인: ㊞

1 실험 목적

2 주요 기기 및 부품

3 다음 용도로 사용할 기기나 부품의 이름을 보기에서 고르세요.

01 자석이 달린 부품이 붙을 수 있게 하여 실험 장치를 설치하는 판이다.
① 용수철저울 ② 도르래 ③ 실험보드 ④ 각도자

02 여러 개의 질량을 매달아서 고정점과 힘점까지의 수직거리를 측정하는 판이다.
① 각도자 ② 토크휠 ③ 실험보드 ④ 용수철저울

03 넓은 면과 좁은 면으로 이루어진 마찰계수 측정 실험에 사용될 나무로 만든 블록이다.
① 마찰블록 ② 용수철저울 ③ 축받이통 ④ 굴림추

04 균형을 잡는 데 사용하는 막대로 보통 피벗 장착대에 끼우고 사용한다.
① 균형막대 ② 축받이통 ③ 실타래 ④ 각도자

05 바퀴에 끈이나 체인 등을 걸어 힘의 방향을 바꾸거나 힘의 크기를 줄이는 장치이다.
① 경사면 ② 수직추 ③ 평면추 ④ 도르래

06 경사각을 알 수 있도록 각도기가 붙어 있고 그 아래로 수직추가 달려 있다.
① 도르래 ② 링 ③ 경사면 ④ 용수철저울

07 작용된 힘의 방향을 측정하는 데 사용된다. 중앙에 고정핀이 있으며 그 주변에 원이 그려져 있다.
① 각도자 ② 수직추 ③ 용수철저울 ④ 평면추

08 N, g, mm 눈금으로 힘, 질량, 변위 측정이 가능하다.
① 용수철저울 ② 링 ③ 평면추 ④ 추걸이

09 구의 지름이나 원통의 내경, 외경 혹은 깊이 등을 정밀하게 측정하는 기기이다.
① 마이크로미터 ② 버니어캘리퍼스 ③ 구면계 ④ 30 cm자

10 고정된 3개의 다리와 중앙에 수직 방향으로 움직일 수 있는 다리로 이루어져 있어서 곡률반경을 측정한다.
① 마이크로미터 ② 버니어캘리퍼스 ③ 구면계 ④ 30 cm자

11 어미자와 스핀들을 밀어주는 회전 손잡이에 눈금이 표시된 아들자로 이루어져 있다.
① 마이크로미터 ② 버니어캘리퍼스 ③ 구면계 ④ 30 cm자

보너스 점수

이번 학기 수업은 역학종합실험 장치를 사용하여 8종목의 실험이 실시됩니다. 만약 본인의 부주의로 실험기기를 손상시키거나 부품을 잃어버리면 다음 실험을 할 수 없게 됩니다. 또한 다른 분반의 학생들도 실험을 할 수 없게 되므로 실험기기 및 부품의 관리에 각별히 주의해야 합니다. 다음에 대해 좋은 아이디어가 있으면 제시하세요.

1. 우리 모두가 지켜야 할 지침이나 실험실 유의사항

2. 실험기기를 손상시키거나 부품을 잃어버린 경우 실시할 처벌규정

조교확인 : ㉾ 일자 :

길이 정밀 측정

Experiment 02

1 실험 목적

버니어캘리퍼스와 마이크로미터를 사용하여 물체의 길이를 정밀하게 측정하고, 구면계를 사용하여 곡률반경을 측정한다.

2 실험 이론

1) 버니어캘리퍼스(Vernier Calipers)

버니어가 달린 캘리퍼스를 버니어캘리퍼스라고 하는데, 구의 지름이나 원통의 내경, 외경 혹은 깊이 등을 정밀하게 측정하는 기기이다. 버니어는 아들자(부척)라고도 하는데 어미자(주척)의 최소눈금을 좀 더 정밀하게 읽을 수 있게 고안되었다. 보통은 0~150 mm 범위의 길이를 0.05 mm(50 μm)의 정밀도로 측정할 수 있는 버니어캘리퍼스를 사용한다.

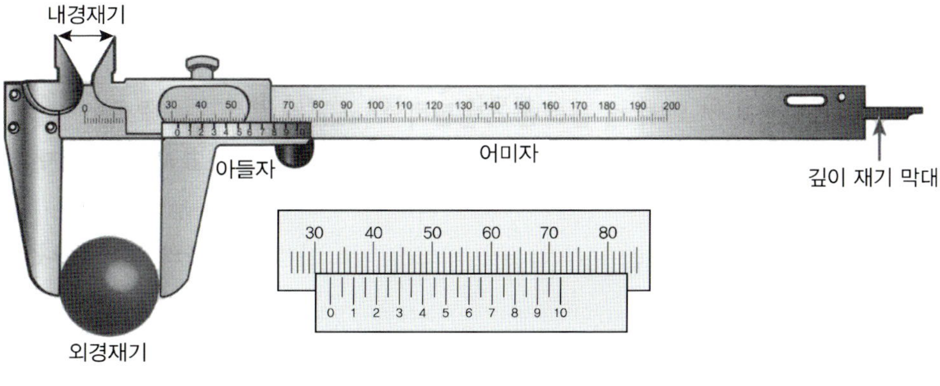

외경재기 부분에 물체가 꼭 끼었다면 물체의 외경은 어미자와 아들자의 눈금이 일치하는 지점으로 측정된다. 아들자 부분을 확대한 그림에서 아들자의 0점이 어미자의 32와 33 사이에 있고 오른쪽으로 아들자의 11번째 눈금선이 어미자의 눈금선과 일치하므로, 측정값은

$$32\ \text{mm} + (0.05\ \text{mm} \times 11) = 32.55\ \text{mm}$$

가 된다. 단 물체를 끼지 않은 상태에서 아들자와 어미자의 0점이 일치하지 않는 경우는 그만큼의 값을 더하거나 빼주는 0점 보정을 해줘야 한다.

2) 마이크로미터(Micrometer)

마이크로미터는 물체의 두께, 길이 등을 정밀하게 측정하는 기기이다. 보통은 0~25 mm 범위의 길이를 0.01 mm(10 μm)의 정밀도로 측정할 수 있는 마이크로미터를 사용한다. 마이크로미터는 고정된 틀에 눈금이 표시된 어미자와 스핀들을 밀어주는 회전 손잡이에 눈금이 표시된 아들자로 이루어져 있다.

스핀들이 모루 끝에 완전히 접촉되면 어미자의 가운데 수평선이 아들자의 0점과 일치되도록 만들어졌다. 손잡이를 시계 방향으로 한 바퀴 돌리면 스핀들이 뒤로 0.5 mm 밀려나고 어미자에는 수평선 아랫부분에 눈금이 하나 나타난다. 이때 손잡이에 표시된 아들자의 눈금은 50등분되어 있으므로 아들자 한 눈금은 0.5 mm/50이 되어 0.01 mm(10 μm)를 의미한다. 만일 아들자의 한 눈금을 어림짐작으로 1/10까지 읽는다면 1 μm까지 측정가능하다.

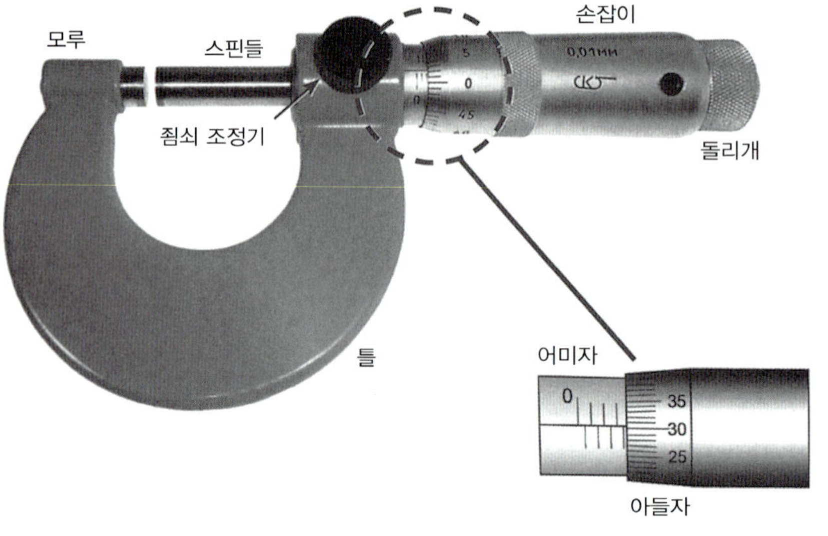

손잡이를 같은 방향으로 한 바퀴 더 돌리면 스핀들이 0.5 mm 더 밀려나면서 어미자에는 수평선 윗부분에 눈금 하나가 더 나타난다. 즉 수평선 윗부분의 눈금은 1 mm 간격을 표시하고, 아랫부분의 눈금은 위 눈금의 이등분 지점을 표시한다.

위의 확대된 사진은 측정하려고 하는 물체를 낀 상태의 어미자와 아들자의 눈금을 나타낸다. 어미자의 위 눈금이 3개가 나타나고, 그 너머로 아래 눈금이 보이므로 3.5 mm 이상임을 알 수 있다. 그 정확한 값은 어미자에 표시된 수평선이 아들자의 눈금과 일치하는 지점을 읽으면 알 수 있다. 30과 31 눈금 사이를 눈대중으로 30.2로 읽는다면 물체의 두께는

$$3.5\text{ mm} + (0.01\text{ mm} \times 30.2) = 3.802\text{ mm}$$

임을 지시한다. 단 물체를 끼지 않고 스핀들이 모루 끝에 완전히 접촉되었을 때 어미자의 수평선과 아들자의 0점이 일치하지 않는 경우는 그만큼의 값을 지시값에 더하거나 빼주어 측정값으로 정한다.

3) 구면계(Spherometer)

구면계는 물체의 곡률을 0.01 mm의 정밀도로 측정할 수 있는 기기로서, 고정된 3개의 다리와 중앙에 수직 방향으로 움직일 수 있는 다리로 이루어져 있다. 구면계를 구면인 물체 위에 올려놓았을 때 중앙 다리의 수직 이동 거리를 측정하면 다음의 원리로 구면의 곡률반경을 계산할 수 있다.

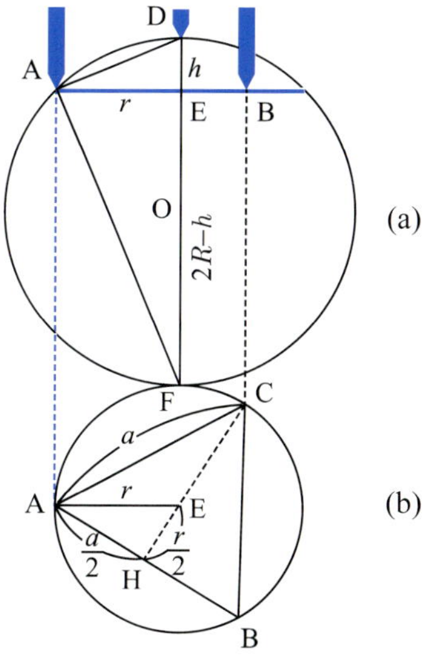

그림 (a)는 구면계를 옆에서 보고 위치를 표시한 것이고, (b)는 바닥면을 나타낸 것이다. A, B, C는 고정된 3개 다리의 위치로서 변의 길이가 a인 정삼각형 △ABC의 모양이 만들어진다. D는 중앙 다리의 위치이며 E는 중앙 다리가 △ABC에 투영되는 지점이다. 그림 (a)에서 DE $= h$, EF $= 2R - h$이고 △ADE와 △FAE는 닮은꼴이므로

$$r : h = (2R - h) : r \tag{1}$$

이 된다. 한편 그림 (b)의 △AEH에서 AE $= r$, EH $= \frac{r}{2}$이므로

$$\left(\frac{a}{2}\right)^2 + \left(\frac{r}{2}\right)^2 = r^2 \tag{2}$$

이 된다. 즉 $r^2 = \frac{a^2}{3}$이므로 식 (1)에 대입하면 곡률반경 R을 아래와 같이 h와 a의 함수로 나타낼 수 있다.

$$R = \frac{a^2}{6h} + \frac{h}{2} \tag{3}$$

3 실험 기구

- 버니어캘리퍼스
- 마이크로미터
- 구면계
- 측정용 시편(100 g 추, A4 용지, 머리카락, 평면판, 볼록렌즈, 오목렌즈)
- 30 cm자

4 실험 방법

1) 버니어캘리퍼스를 사용한 외경, 내경, 깊이 측정

1. 사용할 버니어캘리퍼스의 정밀도를 확인한다.
2. 시료를 끼우기 전에 아들자를 왼쪽 끝까지 이동시켜서 아들자의 0점이 어미자의 0점과 일치함을 확인한다.
3. 외경재기에 시료를 끼우고 아들자를 이동하여 꼭 조이게 한다. 이때 시료가 비틀어지지 않도록 주의한다. 어미자와 아들자의 눈금이 일치하는 곳을 읽어 측정값을 표 1의 해당란에 기록한다.
4. 시료의 측정부위를 약간씩 달리하면서 3 과정을 5회 반복한 후 평균과 표준편차를 계산하여 표 1에 기록한다.
5. 시료의 내경과 깊이를 3～4 과정을 통해 측정하고 표 1의 해당란에 기록한다.
6. 모든 과정을 마친 후에는 버니어캘리퍼스의 고정 나사를 죄어 케이스에 넣는다.

2) 마이크로미터를 사용한 두께 측정

1. 사용할 마이크로미터의 정밀도를 확인한다.
2. 죔쇠조정기를 풀고 손잡이를 돌리면서 스핀들이 모루의 끝에 닿았다는 느낌이 들면, 손잡이 돌리는 것을 멈추고 돌리개를 돌려 딱 소리가 나는 것을 확인한다. 돌리개는 용수철의 작용으로 일정한 값의 압력이 가해지면 딱 소리가 나면서 헛돌므로 더 이상은 돌리지 않도록 한다.
3. 2의 상태에서 아들자의 0점이 어미자에 표시된 수평선과 일치하는지를 확인하여 영점값을 읽는다. 아들자의 0점이 수평선과 일치하면 “0”으로, 아래쪽에 위치하면 영점을 ＋값으로, 반대로 위쪽에 위치하면 영점을 －값으로 표 2의 영점값에 기록한다. 5회 측정하여 평균을 구한다.
4. 모루와 스핀들 사이에 시료를 끼우고 2에서처럼 돌리개를 돌려서 딱 소리가 나면 죔쇠조정기를 잠가 시료를 고정시킨다. 눈금이 지시하는 값을 표 2의 지시값에 기록한다. 영점이 보정된 값(지시값－영점의 평균값)을 측정값으로 하고 표 2의 해당란에 기록한다.

5. 시료의 측정부위를 약간씩 달리하면서 4 과정을 5회 반복한 후 측정값의 평균과 표준편차를 계산하여 표 2에 기록한다.
6. 다른 시료에 대해서도 3～4 과정을 반복하여 표 2의 해당란에 기록한다.
7. 모든 과정을 마친 후에는 마이크로미터의 죔쇠조정기를 잠그고 케이스에 넣는다.

3) 구면계를 사용한 곡률반경 측정

1. 사용할 구면계의 정밀도를 확인한다.
2. 구면계를 흰 종이 위에 올려놓고 꾹 눌러서 세 발의 자국이 남도록 한 후 버니어캘리퍼스로 발과 발 사이의 거리를 측정하여 표 3의 a에 기록한다. 이를 5회 반복하여 평균을 구한다.
3. 구면계를 평면판 위에 올려놓고 중앙의 다리가 평면에 접촉한 것을 확인한다.
4. 구면계의 큰 바늘이 한 바퀴 돌면 작은 바늘이 한 눈금(1 mm) 이동하므로 큰 바늘의 한 눈금은 0.01 mm가 된다. 평면판에서의 눈금을 읽어 그 값을 영점으로 하고 표 3의 h_0에 기록한다.
5. 구면계를 볼록렌즈 위에 올려놓고 중앙의 다리가 렌즈 표면에 접촉한 것을 확인한 후, 눈금을 읽어 표 3의 H에 기록하고, $h = H - h_0$를 계산하여 기록한다.
6. 시료의 측정부위를 약간씩 달리하면서 3～5 과정을 5회 반복한다.
7. $R = \dfrac{a^2}{6h} + \dfrac{h}{2}$ 식을 이용하여 곡률반경 R을 계산하고 평균과 표준편차를 계산하여 표 3에 기록한다(이때 a는 평균값을 대입한다).
8. 오목렌즈에 대해서도 3～7 과정을 반복하여 그 결과를 표 4에 기록한다.
9. 모든 과정을 마친 후에는 구면계를 케이스에 넣는다.

잠깐 실험 기구의 유무를 확인하고 실험 시작

	실험장비	개수	실험 전	실험 후
A	버니어캘리퍼스	1		
B	마이크로미터	1		
C	구면계	1		
D	100 g 추	1		
E	오목렌즈	1		
F	볼록렌즈	1		
G	평면판	1		

A.

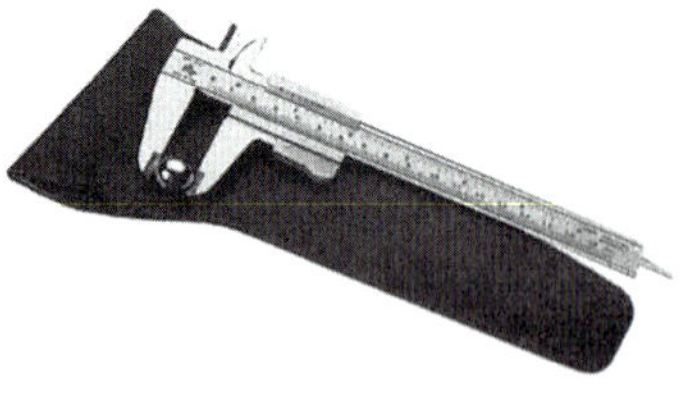

B.

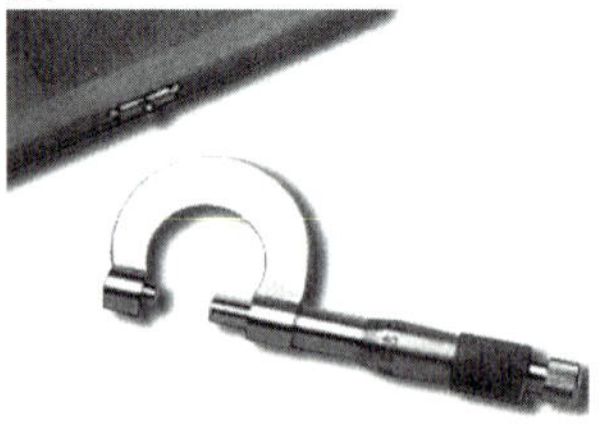

C.

D.

E.

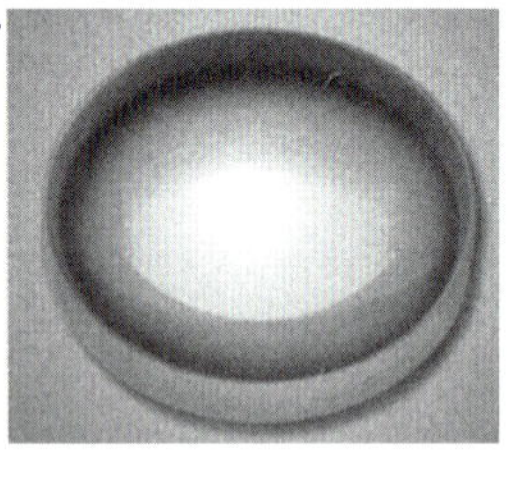

F.

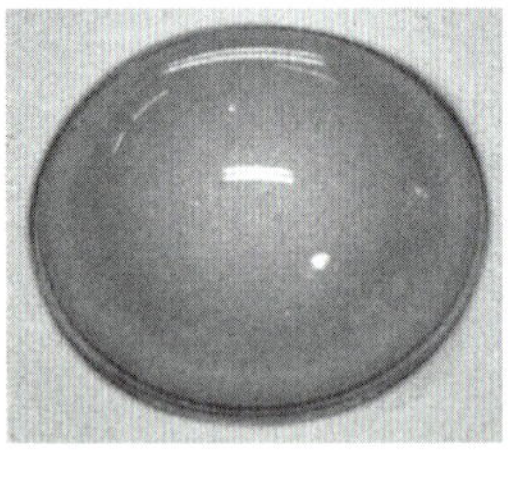

G.

Report
02 길이 정밀 측정

학과:	이름(조):	공동실험자:
학번:		
실험수행일자:	당일 레포트 완성	1주 후 레포트 완성
조교확인: ㊞	조교확인: ㊞	조교확인: ㊞

1 실험 목적

2 핵심 이론

3 결과 및 분석

1) 버니어캘리퍼스를 사용한 외경, 내경, 깊이 측정

표 1 (시료: 100 g 추)

횟수	외경(mm)	내경(mm)	깊이(mm)
1			
2			
3			
4			
5			
평균($\bar{x}$)			
표준편차(s)			

$$s = \sqrt{\frac{1}{N}\sum_{i=1}^{N}(x_i - \bar{x})^2} \quad N = \text{횟수}$$

분석

동일 시료를 cm자로 측정하여 표 1의 결과와 비교해보기

2) 마이크로미터를 사용한 두께 측정

표 2

시료	100 g 추(mm)			A4 용지(μm)			머리카락(μm)		
횟수	영점값	지시값	측정값	영점값	지시값	측정값	영점값	지시값	측정값
1									
2									
3									
4									
5									
평균($\bar{x}$)									
표준편차 (s)									

$$s = \sqrt{\frac{1}{N}\sum_{i=1}^{N}(x_i - \bar{x})^2} \quad N = \text{횟수}$$

분석

잠시 다른 생각해보기

빛의 파장은 380 ~ 780 nm이다. 초록색을 띠는 빛의 파장 500 nm를 내 머리카락 두께와 비교해서 그 크기를 가늠해보자.

3) 구면계를 사용한 곡률반경 측정

표 3

볼록렌즈

횟수	a	h_0	H	$h = H - h_0$	R
1					
2					
3					
4					
5					
평균				평균($\bar{x}$)	
				표준편차(s)	

표 4

오목렌즈

횟수	a	h_0	H	$h = H - h_0$	R
1					
2					
3					
4					
5					
평균				평균($\bar{x}$)	
				표준편차(s)	

분석

보너스 점수

길이를 나타내는 단위에 대해서 알아보자.

조교확인 : ㉧ 일자 :

용수철을 사용한 힘의 측정

Experiment 03

1 실험 목적

용수철의 탄성력에 관한 훅의 법칙을 확인하고 이를 이용하여 힘의 크기를 측정한다.

2 실험 이론

한 물체에 두 힘이 작용하여 힘의 평형을 이루면 두 힘의 크기는 같고 방향이 반대이다. 예로서 용수철에 매달린 추에는 두 가지의 힘이 작용한다. 한 가지는 지구가 추를 당기고 있는 힘, 즉 중력이다. 질량 m에 가해지는 중력의 크기는 $F=mg$이고 방향은 지구중심을 향한다. 다른 한 가지는 용수철이 물체를 당기는 힘, 즉 탄성력이다. 용수철의 길이가 x만큼 늘어나면 탄성력의 크기는 훅의 법칙에 따라 $F=-kx$이고 방향은 중력의 반대이다. 여기서 k는 용수철이 늘어나는 비율을 의미하며 용수철 상수라 한다.

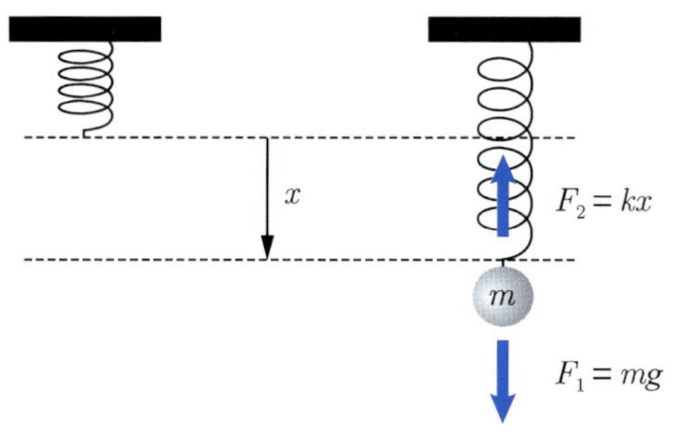

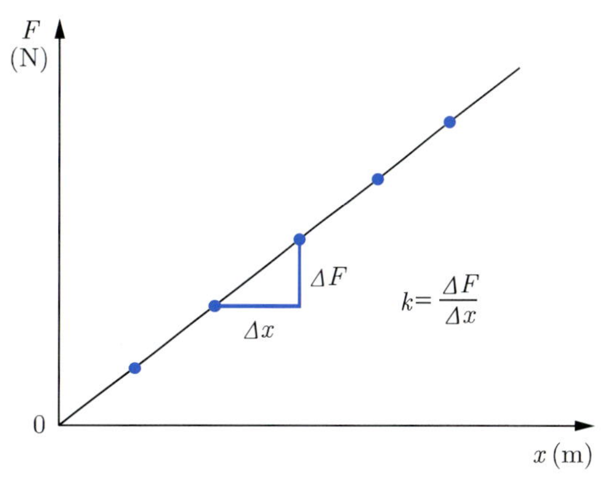

지구의 중력가속도는 알고 있으므로 추의 질량을 달리하여 중력을 변화시켜 가면서 용수철의 늘어난 길이를 측정하여 보면, 작용한 중력과 용수철의 늘어난 길이가 비례함을 확인할 수 있고, 이 결과로부터 용수철 상수 k를 구할 수 있다. 일단 용수철 상수가 정해지면 늘어난 용수철 길이의 변화로부터 다른 힘의 크기를 측정할 수 있다.

3 실험 기구

- 실험보드
- 용수철저울
- 추걸이
- 추: 100 g(2개), 50 g(2개), 20 g(4개), 10 g(2개), 클립(10개)
- 실타래

4 실험 방법

용수철저울을 실험보드에 붙인다. 용수철이 플라스틱 관 안에서 수직이 되도록 한다. 그림 (a)와 같이 용수철저울에 추를 달지 않은 상태에서 상부에 있는 영점 나사를 조정하여 빨간색 지시선이 0 mm에 맞도록 한다.

1) 용수철 상수 측정

1. 그림 (b)와 같이 추걸이에 20 g의 질량을 걸어 용수철저울에 매달고 용수철의 변위 눈금을 읽는다. 이 값을 표 1의 해당란에 기록한다(표 1의 질량 칸에는 추걸이의 질량이 포함되어 있다).
2. 추걸이에 추를 더해가면서 용수철 변위를 읽어 표 1에 기록한다.
3. $F = mg$ 식을 이용하여 총 질량에 가해지는 중력의 크기를 계산하여 표 1에 기록한다(이때 질량은 kg 단위로 환산하고 $g = 9.8\ \mathrm{m/sec^2}$를 대입한다).
4. 각 경우에 대해 $k = -\dfrac{F}{x}$ 식을 이용하여 용수철 상수를 계산하여 표 1에 기록하고, 이들의 평균과 표준편차를 계산하여 기록한다.
5. 표 1의 결과를 모눈종이에 나타내어 그래프 자리에 붙인다. 모든 점에 가까운 직선을 그리고, 그래프의 기울기가 표 1에 기록된 용수철 상수와 일치하는가를 확인하여 본다.

2) 힘의 측정

1. 표 2의 해당란에 실험 1)에서 구한 용수철 상수의 평균을 기록한다.
2. 추걸이에 30 g의 질량을 걸어 용수철저울에 매달고 용수철 변위의 눈금과 힘의 눈금을 읽는다. 이 값을 표 2의 해당란에 기록한다(이때 표 2의 질량 칸에는 추걸이의 질량이 포함되어 있다).
3. 추걸이에 추를 더해가면서 변위의 눈금과 힘의 눈금을 읽어 표 2에 기록한다.
4. $F = -kx$ 식을 이용하여 용수철 변위로부터 탄성력을 계산하여 표 2의 해당란에 기록한다.
5. 계산된 힘과 눈금으로 읽은 힘의 %오차를 계산하여 기록한다.

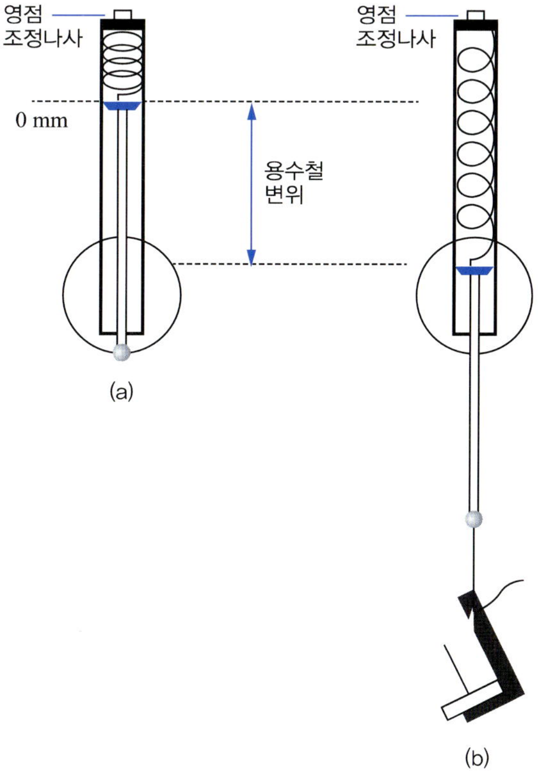

그림 1

잠깐 실험 기구의 유무를 확인하고 실험 시작

		실험장비	개수	실험 전	실험 후
		실험보드	1		
A		경사면	1		
B		수직추	1		
C		마찰블록	1		
D		용수철저울	1		
E		토크휠	1		
F		각도자	1		
G		고정핀	1		
H		추걸이	3		
I		도르래 블록	1		
J	1	박스	1		
J	2	토크표시기	4		
J	3	축받이통	3		
J	4	실타래	1		
J	5	링	1		
K	1	100 g	2		
K	2	50 g	2		
K	3	20 g	4		
K	4	10 g	2		
		클립	10		
L		굴림추	1		
M		평면추	1		
N		큰 도르래	1		
O		작은 도르래	2		
P		피벗 장착대에 끼운 균형막대	1		

A.
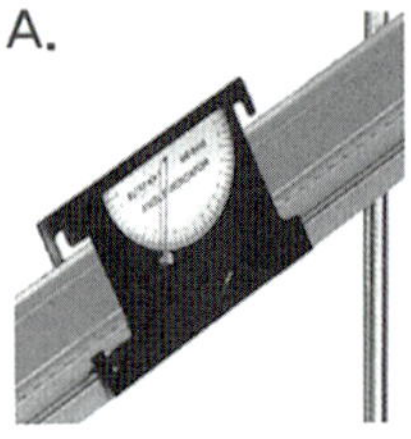

H.

I.

B.

J.
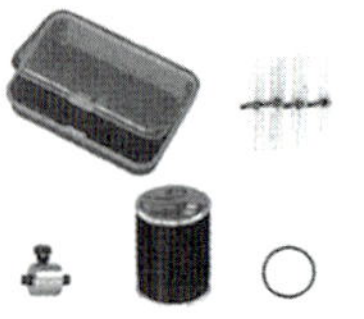

C.

K.
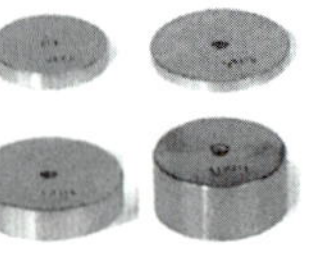

D.

L.
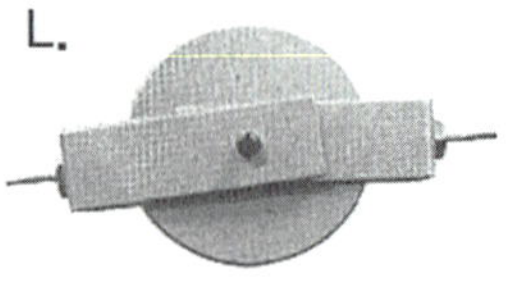

M.
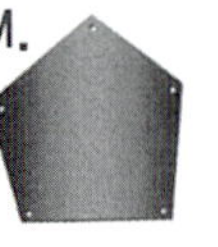

E.

N.

O.

P.
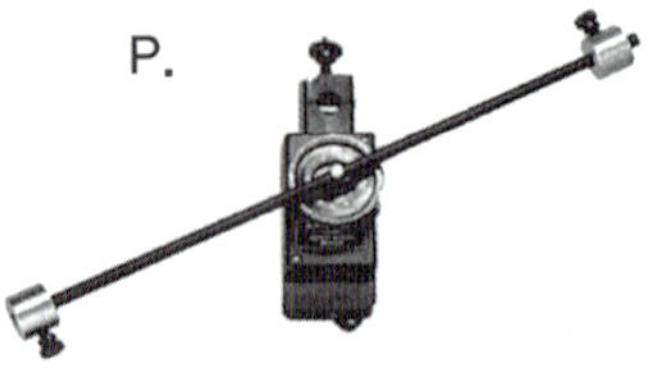

F.
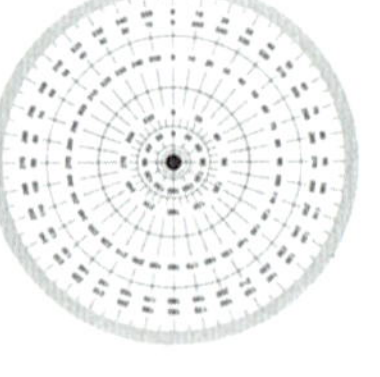

G.
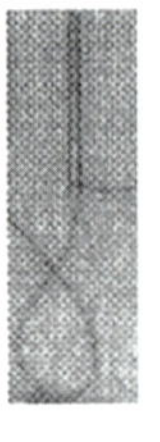

실험보드

종료 후 실험 기구의 유무를 확인받읍시다.

조교확인 : ㉢ 일자 :

Report

03 용수철을 사용한 힘의 측정

학과:	이름(조):	공동실험자:
학번:		
실험수행일자:	당일 레포트 완성	1주 후 레포트 완성
조교확인: ㉞	조교확인: ㉞	조교확인: ㉞

1 실험 목적

2 핵심 이론

3 결과 및 분석

1) 용수철 상수 측정

표 1

m(g)	$F = mg$(N)	변위(mm)	용수철 상수
25			
45			
65			
85			
105			
125			
145			
		평균($\bar{x}$)	
		표준편차(s)	

$$s = \sqrt{\frac{1}{N}\sum_{i=1}^{N}(x_i - \bar{x})^2} \quad N = \text{횟수}$$

그래프

분석

용수철 상수를 결정하는 요소들 생각해보기

분석

2) 힘 측정

표 2 용수철 상수 $k =$

m(g)	변위(mm)	$F = kx$(N)	용수철저울 힘 눈금(N)	%오차
35				
55				
75				
95				
115				
135				
155				

%오차$=100\times$(두 값의 차 / $\frac{1}{2}$* 두 값의 합)

분석

다른 생각

만약 용수철이 훅의 법칙을 따르지 않는다면 용수철로 힘을 측정할 수 있을까? 가능하다면 방법을 구체적으로 설명해 보자.

보너스 점수

용수철의 종류를 찾아보고 각각의 용도에 대해서 알아보자.

조교확인 : ㊞ 일자 :

힘의 합력과 분력

Experiment 04

1 실험 목적

힘은 방향과 크기를 지닌 벡터양이다. 힘의 평형상태를 이용하여 합력과 분력을 구한다.

2 실험 이론

1) 힘의 합력

그림에서 우주선 1과 우주선 2가 행성의 동일점에 각각 $\vec{F_1}$과 $\vec{F_2}$ 간의 힘을 가하여 끌고 가고 있다. 이 행성은 실제로 어떤 방향으로 어떤 크기의 힘을 받고 있는 것일까? 이때 두 우주선과 행성은 2차원 평면상을 움직이고 힘의 크기는 끄는 줄의 길이와 무관하다고 가정한다.

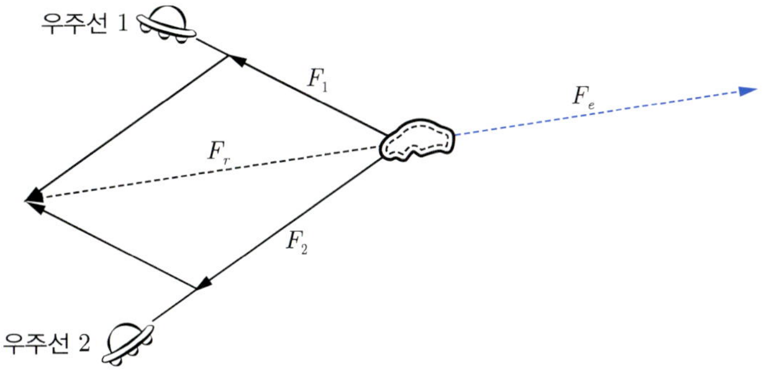

행성은 $\vec{F_1}$과 $\vec{F_2}$의 합력을 받고 있다. 힘은 방향과 크기를 지닌 벡터양이므로 두 벡터의 합을 구하기 위해서 보통 평행사변형법이 사용된다. $\vec{F_1}$과 $\vec{F_2}$를 양변으로 하는 평행사변형의 대각선 $\vec{F_r}$이 행성에 작용하는 전체 힘의 크기와 방향을 표시하는 벡터이다.

만일 제3의 우주선이 $\vec{F_1}+\vec{F_2}$의 반대방향으로 같은 크기의 힘을 가한다면 행성은 실제로 어느 방향으로도 힘을 받지 않는 평형상태가 된다. 실험적으로 $\vec{F_1}$과 $\vec{F_2}$가 작용하고 있는 물체가 평형상태를 유지할 수 있는 평형력 $\vec{F_e}$를 찾아내면, $\vec{F_1}$가 $\vec{F_2}$의 합력 $\vec{F_r}$은 평형력과 크기가 같고 방향이 반대인 힘으로 정의할 수 있다.

2) 힘의 분력

강아지의 목줄을 아래 그림의 왼쪽과 같이 당기는 경우를 생각해보자. 이 힘은 동일 평면을 이루는 수평 성분과 수직 성분으로 나눌 수 있다. 즉, xy평면의 힘 벡터는 x방향의 한 벡터와 y방향의 한 벡터의 합으로 표현될 수 있다.

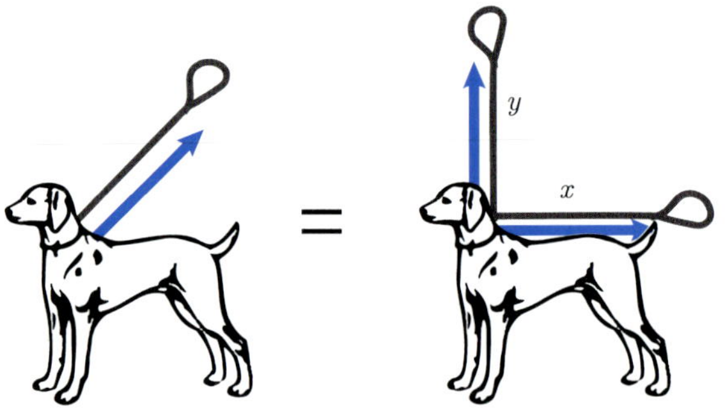

평행사변형법으로 분력을 구할 경우에는 아래 그림의 순서로 진행된다.

1. 단위 길이에 해당되는 힘의 크기를 정한다(예: 1 cm = 10 N).
2. 힘의 크기를 길이로 환산하여 주어진 방향을 따라 환산된 길이의 화살표를 그린다.
3. 화살표의 꼬리점에서 수평선과 수직선을 긋는다.
4. 화살촉에서 수평선과 수직선을 그어 사각형을 만든다.
5. 수평 선분의 길이를 재어서 힘의 크기로 환산하여 x방향의 벡터로 정의한다.
6. 수직 선분의 길이를 재어서 힘의 크기로 환산하여 y방향의 벡터로 정의한다.

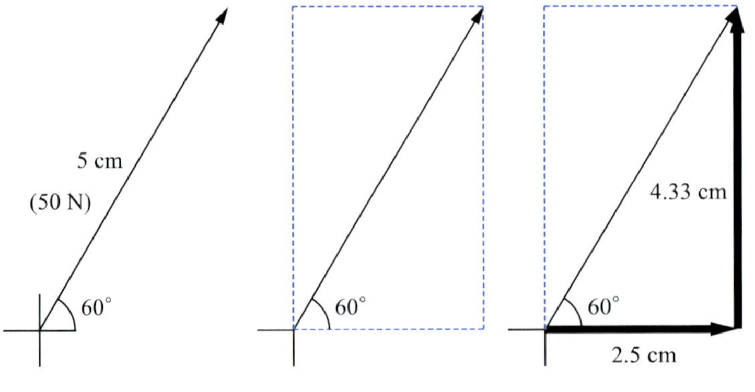

삼각형법을 이용하면 작용 힘의 크기와 수평선과 이루는 각도로서 xy평면의 분력을 구할 수 있다. 즉

$$F_x = F \times \cos\theta = 50\text{ N} \times \cos 60 = 25.0\text{ N}$$

$$F_y = F \times \sin\theta = 50\text{ N} \times \sin 60 = 43.3\text{ N}$$

3 실험 기구

- 실험보드
- 용수철저울, 각도자, 실타래, 링
- 큰 도르래(1개), 작은 도르래(2개), 추걸이(2개)
- 추: 100 g(2개), 50 g(2개), 20 g(4개), 10 g(2개), 클립(10개)

4 실험 방법

1) 힘의 합력

1. 실험보드에 용수철저울을 부착시키고 영점을 조정한 후 그림 1과 같이 도르래를 배치한다.
2. 링에 세 가닥의 실을 각기 걸고 두 가닥의 실은 그림 1과 같이 작은 도르래를 거쳐 추걸이와 연결한다. 이때 링은 고정핀으로 각도자의 중앙에 고정시킨다.
3. 추걸이 1에 20 g의 추를 달아 힘 $\vec{F}_1$의 방향은 $\theta_1 = 145°$가 되도록 작은 도르래 1의 위치를 조정하고, 추걸이 2에 50 g의 추를 달아 힘 $\vec{F}_2$의 방향은 $\theta_2 = 45°$가 되도록 작은 도르래 2의 위치를 조정한다(이 과정에서 링은 한쪽으로 치우치게 된다).
4. 링의 나머지 한 가닥 실은 큰 도르래를 거쳐 용수철저울에 매달아 탄성력 $\vec{F}_e$가 가해지도록 한다.
5. 용수철저울을 위아래로 움직여서 고정핀이 정중앙에 오도록 한다. 이때 용수철저울의 힘 눈금을 보고 $\vec{F}_e$의 크기를 구한 뒤, 각도 θ_e를 측정한다.

※ 도르래와 용수철저울은 동일한 수직선상에 위치하도록 하고 이들을 재배치할 때마다 실험보드를 두드려 주어 도르래의 마찰에 의한 영향을 최소화한다.

6. 표 1-a에 $\vec{F}_1$, $\vec{F}_2$, $\vec{F}_3$의 크기를 기록하고, 각도자의 0° 선에 대해 이루는 각도 θ_e도 기록한다.
7. 양쪽 추걸이에 각각 20 g의 추를 추가하고 5~6 과정을 반복한다.
8. 적당한 힘의 크기를 1 cm 길이로 정해서 화살표의 길이가 힘 $\vec{F}_1$, $\vec{F}_2$, $\vec{F}_e$의 크기에 비례하도록 각각 그린다. 각 벡터에 이름을 쓰고 힘의 크기도 표시한다.
9. 평행사변형법을 이용하여 $\vec{F}_1$과 $\vec{F}_2$ 간의 합력 $\vec{F}_r$을 구한다. 또한 각도기로 수평축에 대해서 시계 반대 방향으로 이루는 각도 θ_r을 측정한다.
10. 표 1-b에 $\vec{F}_r$과 $180° - \theta_r$을 기록하고 $\vec{F}_e$와 θ_e와 비교하여 본다.

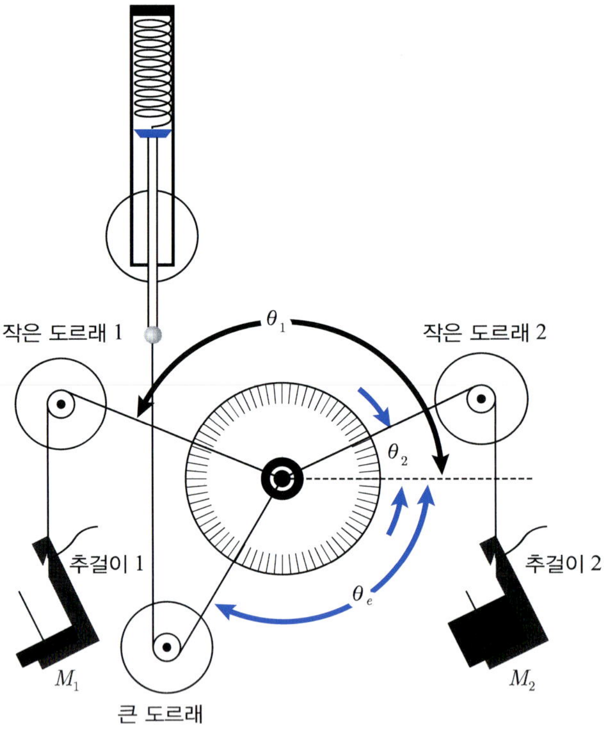

그림 1

다른 생각

실험의 2 과정에서 링의 세 가닥의 실을 모두 용수철저울과 2개의 추걸이에 연결한 후, 링을 각도기 중앙 지점에 배치하고 고정핀을 꽂았다고 가정하자. 실험결과가 어떻게 될까 상상해보자.

2) 힘의 분력

1. 그림 1 장치의 질량 M_1이 연결된 실을 제거하여 그림 2와 같이 용수철저울과 큰 도르래를 배치한다.
2. 링에 실을 걸어 추걸이를 연결한 뒤, 고정핀으로 링을 고정한다.
3. 오른쪽 추걸이에 50 g의 추를 달아 힘 $\vec{F}$의 크기를 구하여 표 2-a에 기록한다.
4. 힘 $\vec{F}$의 방향이 $\theta = 30°$가 되도록 작은 도르래의 위치를 정한다.
5. 용수철저울을 위아래로 움직여서 수평방향, 즉 x성분의 힘의 크기를 적당힌 조정한다.
6. 왼쪽 추걸이에 추와 클립을 적당히 걸어 링이 각도자의 정중앙에 위치하도록 y성분의 힘을 조정한다.
7. 표 2-a에 질량 M_1을 기록하고, 용수철저울로부터 힘 F_x를 읽고 질량 M_1으로부터 힘 F_y를 계산하여 기록한다(그림에는 실제로 평형력 $\vec{F_e}$의 분력이라서 $-$를 붙였다).
8. $\vec{F}$의 크기와 각도로부터 삼각형법을 이용하여 분력 F_x와 F_y를 계산해서 표 2-b에 기록한다(이때 $F_x = F\cos\theta$, $F_y = F\sin\theta$이다).
9. 실험으로 구한 값과의 %오차를 계산하여 기록한다.
10. 오른쪽 추걸이에 50 g의 추를 추가하고, 힘 $\vec{F}$의 방향이 $\theta = 45°$가 되도록 바꾼 뒤, 5~9 과정을 반복한다.

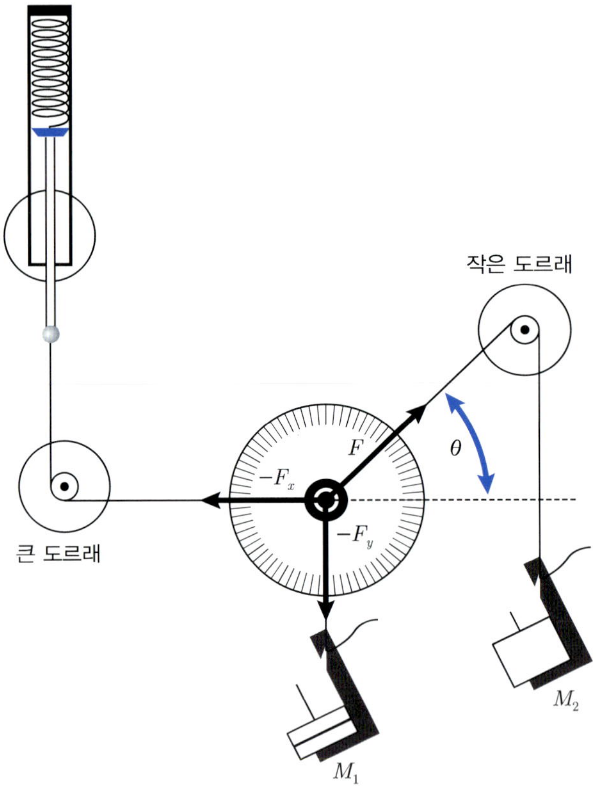

그림 2

다른 생각

용수철저울과 도르래를 바닥면과 수직하지 않고 한쪽으로 기울어지게 설치하였다고 가정하자. 실험결과가 어떻게 될까 상상해보자.

잠깐 실험 기구의 유무를 확인하고 실험 시작

		실험장비	개수	실험 전	실험 후
		실험보드	1		
A		경사면	1		
B		수직추	1		
C		마찰블록	1		
D		용수철저울	1		
E		토크휠	1		
F		각도자	1		
G		고정핀	1		
H		추걸이	3		
I		도르래 블록	1		
J	1	박스	1		
	2	토크표시기	4		
	3	축받이통	3		
	4	실타래	1		
	5	링	1		
K	1	100 g	2		
	2	50 g	2		
	3	20 g	4		
	4	10 g	2		
		클립	10		
L		굴림추	1		
M		평면추	1		
N		큰 도르래	1		
O		작은 도르래	2		
P		피벗 장착대에 끼운 균형막대	1		

A.
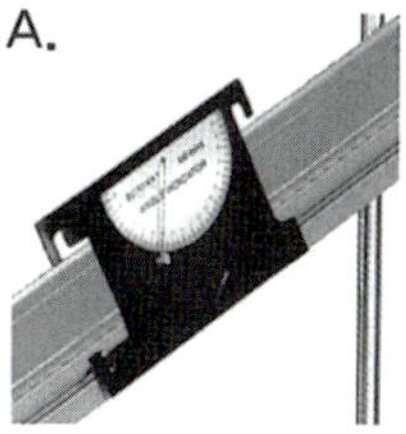
B.

C.

D.

E.

F.
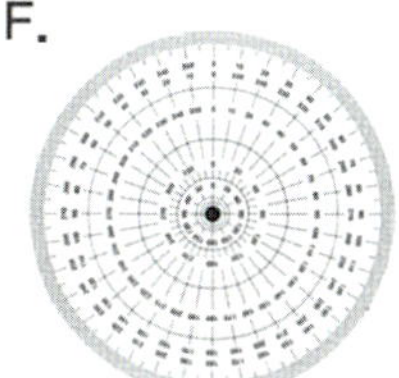
G.

H.

I.

J.
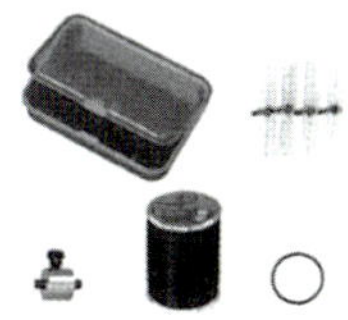
K.

L.

M.
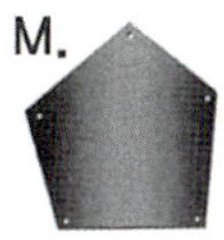
N.
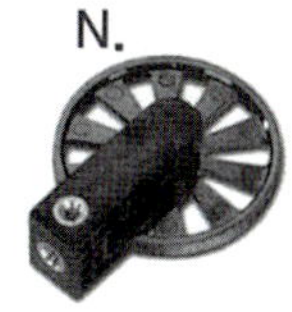
O.

P.

실험보드

종료 후 실험 기구의 유무를 확인받읍시다.

조교확인 : ㊞ 일자 :

Report

04 힘의 합력과 분력

학과:	이름(조):	공동실험자:
학번:		
실험수행일자:	당일 레포트 완성	1주 후 레포트 완성
조교확인: ㊞	조교확인: ㊞	조교확인: ㊞

1 실험 목적

2 핵심 이론

3 결과 및 분석

1) 힘의 합력

표 1-a

No.	M_1(g)	F_1(N)	θ_1(°)	M_2(g)	F_2(N)	θ_2(°)	F_e(N)	θ_e(°)
1	25		145	55		45		
2	45		130	75		30		

M_1, M_2: 추걸이와 추를 합친 질량

표 1-b

No.	F_e(N)	θ_e	평행사변형법		%오차	각도차(θ)
			F_r(N)	$180° - \theta_r$		
1						
2						

%오차 = 100 × (두 값의 차 / $\frac{1}{2}$ * 두 값의 합)

그래프

분석

2) 힘의 분력

표 2-a

No.	M(g)	θ(°)	F(N)$= Mg$	F_x(N)	M_1(g)	F_y(N)$= M_1g$
1	55	30				
2	105	45				

표 2-b

No.	실험		삼각형법		%오차	
	F_x(N)	F_y(N)	F_x(N)	F_y(N)	F_x(N)	F_y(N)
1						
2						

분석

보너스 점수

각 경우에 대해 합벡터의 크기를 화살표의 길이와 방향으로 나타내시오.

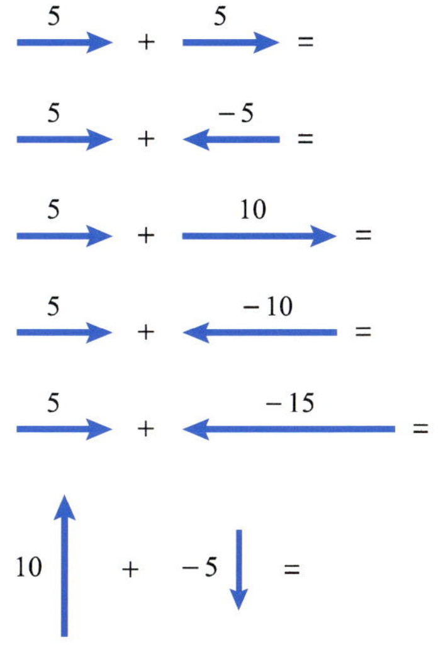

다음의 벡터 합을 구하는 방법을 생각해보고 풀이를 자세히 나타내시오.

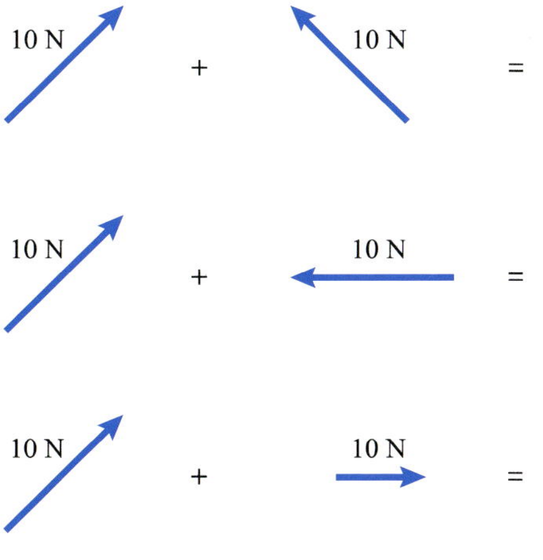

조교확인 : ㊞ 일자 :

돌림힘(짝 힘)

Experiment 05

1 실험 목적

물체가 여러 힘을 받을 경우 작용점이 일치하지 않으면 돌게 된다. 물체의 평형상태를 이용하여 물체면에 수직하게 가하는 돌림힘과 비스듬하게 가하는 돌림힘을 다룬다.

2 실험 이론

앞에서 동일한 점에 작용하는 여러 힘의 합력을 구하였다. 하지만 물체는 형태를 지니므로 여러 힘이 가해지는 지점이 일치하지 않는다. 물체의 중심에서 벗어난 곳에 힘을 가하면 물체는 돌게 된다. 물체를 회전시키는 원인이 되는 물리량을 돌림힘(혹은 토크)이라 한다. 토크가 우리에게 더 친숙하므로 지금부터는 토크로 표현한다. 토크는 고정된 중심축에서 힘이 가해지는 지점까지의 거리에다 힘을 곱한 양으로 정의되며, SI 단위로 뉴턴 미터를 사용하고 기호는 보통 τ(타우)를 쓴다.

수학적으로 고정축에서 r만큼 떨어진 부분에 힘 F를 가하면 발생되는 토크 τ는 다음과 같이 정의된다.

$$\vec{\tau} = \vec{r} \times \vec{F}$$

$\vec{r}$과 $\vec{F}$의 사이 각도를 θ라 하면, $\tau = rF\sin\theta$이다. 또한 $\tau = rF\sin\theta = r_pF$로 표현하면 토크는 고정축에서 힘의 방향에 대한 수직거리 r_p와 힘 크기 F의 곱으로 정의된다.

$\vec{r}$과 $\vec{F}$가 90°를 이루면 $\tau = rF$가 된다. 이런 경우는 볼트를 죄거나 푸는 렌치를 예로 들 수 있다. 볼트로부터 거리 r만큼 떨어진 손잡이 부분에 수직힘 F를 가하면 $\tau = rF$의 토크가 생겨 볼트가 회전하면서 풀린다. 렌치의 손잡이가 길수록 적은 힘을 가해도 같은 효과를 얻을 수 있다.

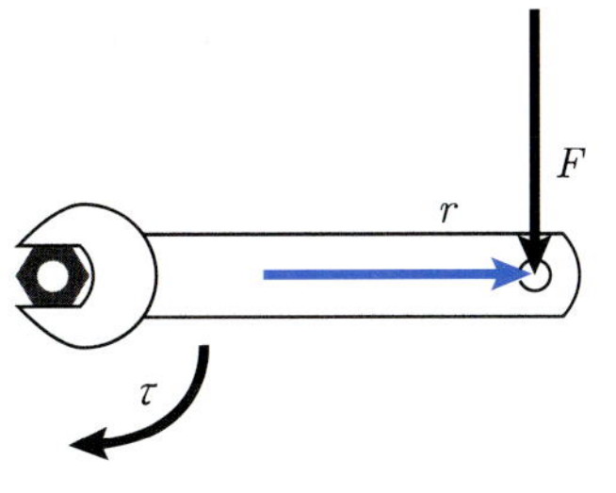

3 실험 기구

- 실험보드
- 용수철저울
- 경사면
- 피벗 장착대에 끼운 균형막대
- 큰 도르래(1개)
- 작은 도르래(2개)
- 토크휠
- 토크표시기(3개)
- 축받이통(2개)
- 각도자
- 추걸이(3개)
- 추: 50 g(2개), 20 g(4개), 10 g(2개)
- 실타래

4 실험 방법

1) 물체면에 수직한 힘에 의한 토크

1. 실험보드의 위쪽에 경사면이 수평이 되도록 붙이고, 이를 수평선의 기준으로 삼는다(경사면에 매달린 수직추가 각도기의 수직선과 일치하도록 조정한다).
2. 피벗 장착대에 끼워진 균형막대를 붙이고, 막대가 피벗 위에서 완전히 수평을 이루도록 위치를 고정시킨다.
3. 고리 달린 축받이통 2개를 막대의 양 끝에 밀어 넣고 고리에 실을 연결하여 추걸이를 매단다. 그림 1과 같이 막대가 완전히 수평을 이루도록 양쪽 축받이통을 위치시키고, 피벗으로부터의 거리 d_1과 d_2를 측정하여 표 1에 기록한다(피벗과 축받이통에 찍힌 흰 점 사이를 측정한다).
4. 표 1에 힘 F_1과 F_2를 구하고, 토크 τ_1과 τ_2를 계산하여 총 토크와 함께 해당란에 기록한다. 또한 각 토크가 지면에서 나오는 방향(◉)인지 들어가는 방향(⊗)인지를 표시한다.
5. 양쪽 추걸이에 50 g 추를 걸고 막대가 완전히 수평을 이룸을 확인한 후, 왼쪽 축받이통에 매달린 추걸이에 20 g 추를 추가한다(그림 2 참고).
6. 치우친 막대가 다시 수평을 이루도록 양쪽 축받이통의 위치를 조정하고, 변경된 d_1과 d_2를 다시 측정하여 표 1에 기록한다. 표 1에 토크 τ_1과 τ_2를 계산하여 총 토크와 함께 해당란에 기록한다.
7. 왼쪽 축받이통에 매달린 추걸이에는 60 g의 추를, 오른쪽 축받이통에 매달린 추걸이에는 40 g의 추를 걸고 막대가 완전히 수평을 이루도록 양쪽 축받이통의 위치를 조정한다. 변경

된 d_1과 d_2를 측정하여 표 1에 기록하고, 토크 τ_1과 τ_2를 계산하여 총 토크와 함께 해당란에 기록한다.

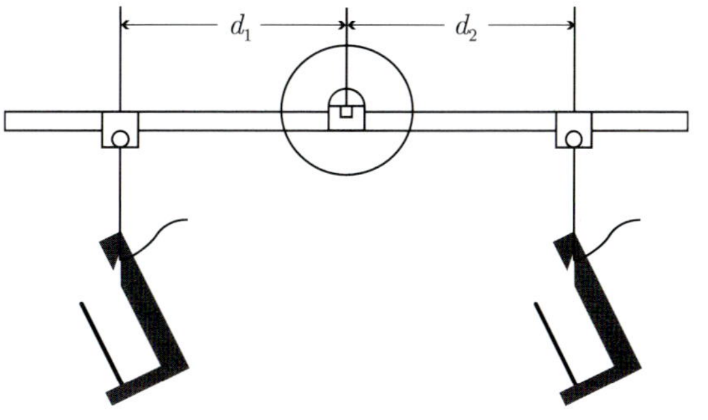

그림 1

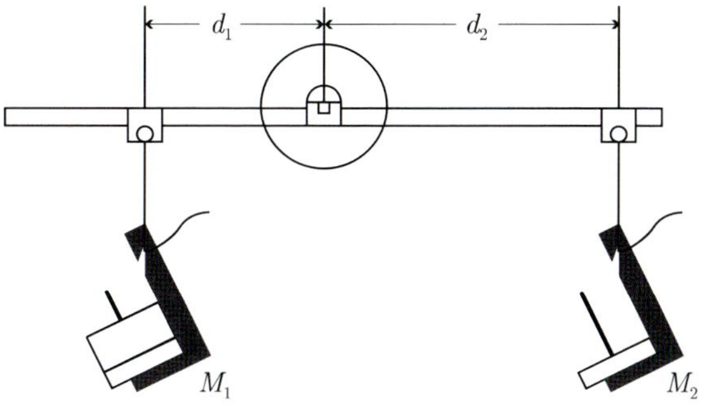

그림 2

2) 물체면에 비스듬한 힘에 의한 토크

1. 그림 2 장치에 그림 3과 같이 각도자, 용수철저울, 큰 도르래를 배치한다.
2. 피벗 장착대의 오른쪽 추걸이를 제거한 후 축받이통의 구멍에 긴 실을 꽂아 도르래를 거쳐 용수철저울에 묶는다.
3. 왼쪽 추걸이에 50 g의 추를 걸고, 큰 도르래를 위아래로 움직여서 F_1의 각도를 30°로 맞춘다(이때 각도자의 중심이 축받이통의 구멍과 일치하여야 정확하게 맞출 수 있다).
4. 균형막대가 수평을 유지하도록 용수철저울을 위아래로 움직여서 위치를 조정한다.
5. 이때의 d_1과 d_2를 측정하여 표 2에 기록하고, 질량 M_2에 의한 힘 F_2와 토크 τ_2를 계산하여 함께 기록한다.
6. 용수철저울의 힘 눈금을 읽어 표 2의 F_1에 기록하고, $\tau_1 = F_1 d_1 \sin\theta$를 계산한다. 또한 τ_2와 τ_1의 %오차를 구하여 함께 기록한다.
7. 표 2에 제시된 각도에 대해 4~6 과정을 반복한다.

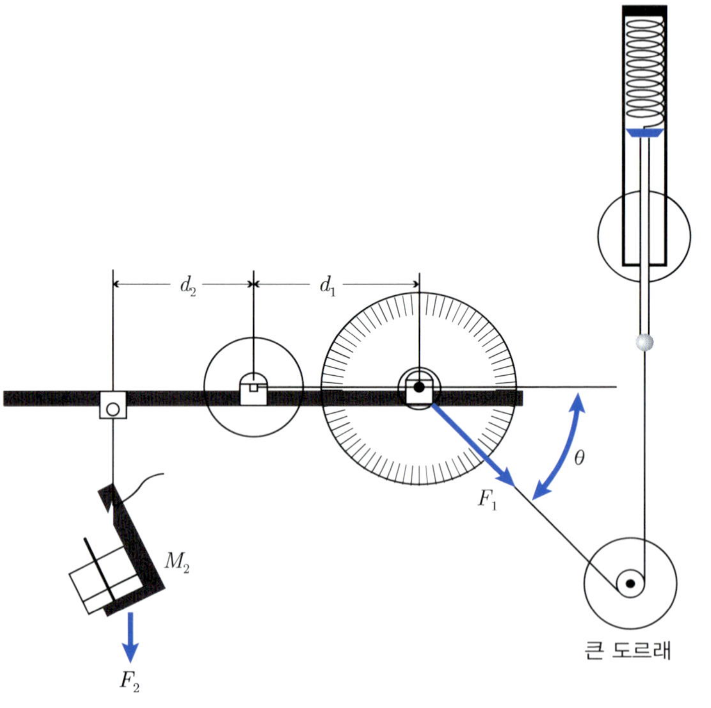

그림 3

3) 토크휠을 사용한 실험

1. 그림 4와 같이 토크휠을 부착하고 토크표시기 3개를 임의의 세 구멍에 각각 꽂아둔다.
2. 토크휠 양쪽에 작은 도르래를 부착하고 그림 4와 같이 추걸이를 실로 매단 후, 각 추걸이에 20 g의 추를 건다.
3. 질량 M_1, M_2, M_3에 작용하는 힘 F_1, F_2, F_3를 구하여 표 3에 기록한다.
4. 토크휠이 평형을 이룰 때 각 힘의 작용선과 토크휠의 중심점 사이의 수직거리 d_p를 측정하여 표 3에 기록한다.
5. 식 $\tau = d_p F$로부터 각 힘에 대한 토크를 계산하여 토크의 방향과 함께 표 3에 기록한다.
6. 3개의 추걸이에 거는 질량을 표 3에 제시된 값으로 바꾸어 3~5 과정을 반복한다.

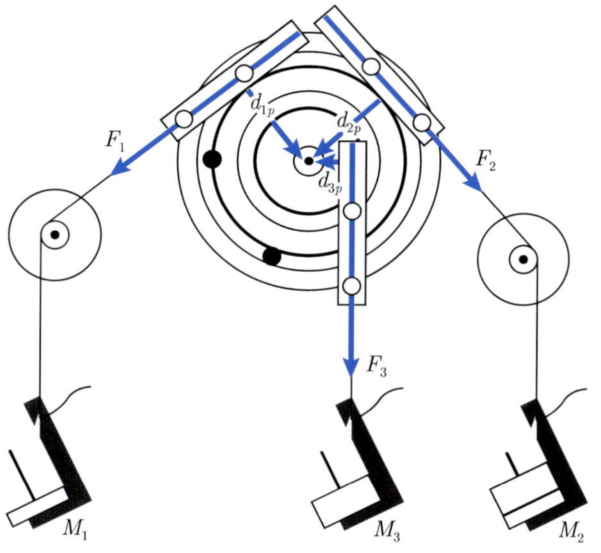

그림 4

잠깐 실험 기구의 유무를 확인하고 실험 시작

		실험장비	개수	실험 전	실험 후
		실험보드	1		
A		경사면	1		
B		수직추	1		
C		마찰블록	1		
D		용수철저울	1		
E		토크휠	1		
F		각도자	1		
G		고정핀	1		
H		추걸이	3		
I		도르래 블록	1		
J	1	박스	1		
	2	토크표시기	4		
	3	축받이통	3		
	4	실타래	1		
	5	링	1		
K	1	100 g	2		
	2	50 g	2		
	3	20 g	4		
	4	10 g	2		
		클립	10		
L		굴림추	1		
M		평면추	1		
N		큰 도르래	1		
O		작은 도르래	2		
P		피벗 장착대에 끼운 균형막대	1		

A.
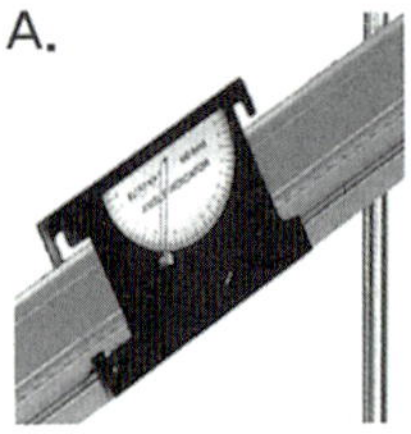
B.

C.

D.
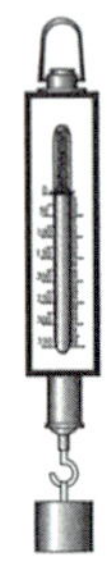
E.

F.
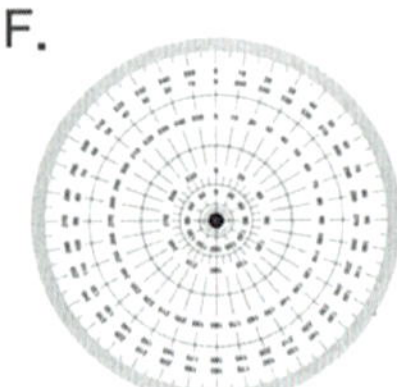
G.
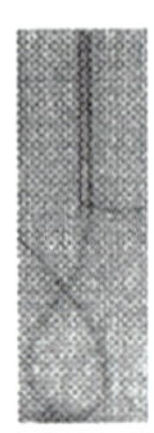
H.
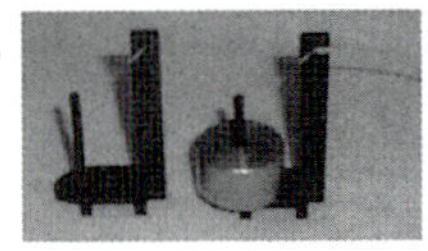
I.

J.
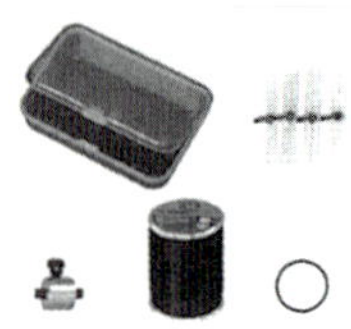
K.

L.

M.

N.

O.

P.
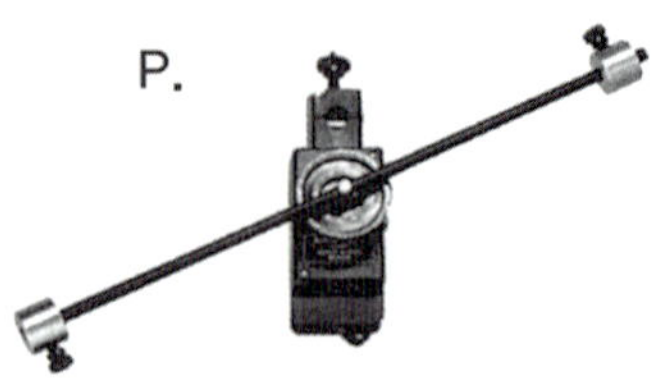
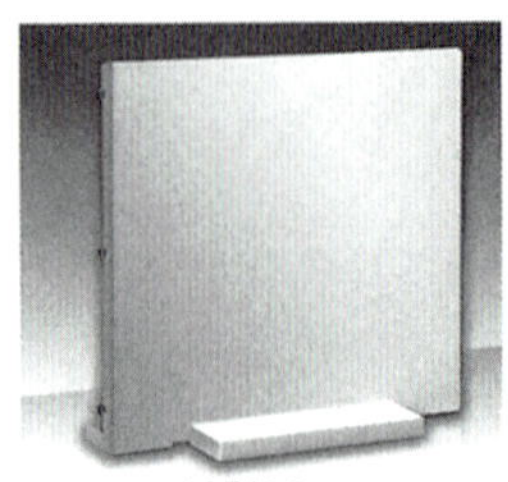
실험보드

종료 후 실험 기구의 유무를 확인받읍시다.

조교확인 : ㉐ 일자 :

Report
05 돌림힘

학과:	이름(조):	공동실험자:
학번:		
실험수행일자:	당일 레포트 완성	1주 후 레포트 완성
조교확인: ㊞	조교확인: ㊞	조교확인: ㊞

1 실험 목적

2 핵심 이론

3 결과 및 분석

1) 물체면에 수직한 힘에 의한 토크

표 1

M_1(g)	$F_1 = M_1 g$(N)	d_1(cm)	M_2(g)	$F_2 = M_2 g$(N)	d_2(cm)
7.2			7.2		
77.2			57.2		
67.2			47.2		

$\tau_1 = F_1 d_1$(Nm)	방향	$\tau_2 = F_2 d_2$(Nm)	방향	총 토크	
				크기(Nm)	방향

분석

다른 생각

총 토크는 단순히 τ_1과 τ_2의 크기를 합한 값인가?

2) 물체면에 비스듬한 힘에 의한 토크

표 2

d_1(cm) = , d_2(cm) = .

M_2(g) = 57.2, F_2 = , τ_2 = .

No	θ	F_1(N)	τ_1(Nm)	%오차
1	30			
2	40			
3	50			

%오차: $(\tau_1 - \tau_2)/\left(\frac{1}{2}(\tau_1 + \tau_2)\right) \times 100(\%)$

분석

다른 생각

손잡이가 문의 중앙에 있다면?

3) 토크휠을 사용한 실험

표 3

M_1(g)	F_1(N)	d_{1p}(cm)	M_2(g)	F_2(N)	d_{2p}(cm)	M_3(g)	F_3(N)	d_{3p}(cm)
25			25			25		
75			25			25		
75			25			25		
75			45			75		

τ_1(Nm)	방향	τ_2(Nm)	방향	τ_3(Nm)	방향	총 토크	
						크기(Nm)	방향

분석

보너스 점수

아래 그림은 토크 계산을 위한 도식도이다. 여기서 $\tau = d_p F$로 계산되는 이유를 설명하시오. 그리고 각 힘에 의해 발생되는 토크의 방향에 대해 논하시오.

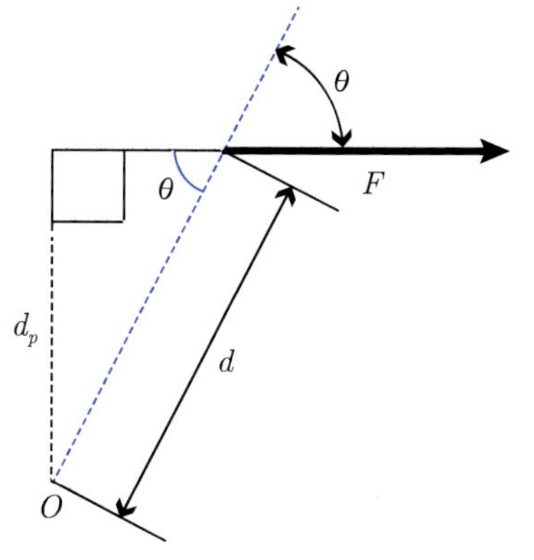

조교확인 : ㊞ 일자 :

질량 중심

Experiment 06

1 실험 목적

질량 중심은 무게 중심이라고도 하는데, 물체를 구성하는 질량을 가진 모든 입자들의 평균적인 위치를 말한다. 막대로 연결된 두 질점의 질량 중심과 다양한 형태를 지닌 평판의 질량 중심을 구한다.

2 실험 이론

질량 중심은 물체를 구성하는 질량을 가진 모든 입자들의 평균적인 위치로서, 질량 중심에 총 질량에 의한 중력이 미친다고 볼 수 있다. 그림과 같이 손가락 한 개로 빗자루를 들어 올릴 수 있는 것은 손가락이 질량 중심에 가해지는 중력에 대항하는 힘을 주고 있기 때문이다. 또한 손가락을 중심으로 좌우 끝단에 미치는 중력에 의한 토크가 서로 상쇄되어 균형을 이루게 된다. 즉 균형을 이루는 물체에 가해지는 총 토크는 0이 된다.

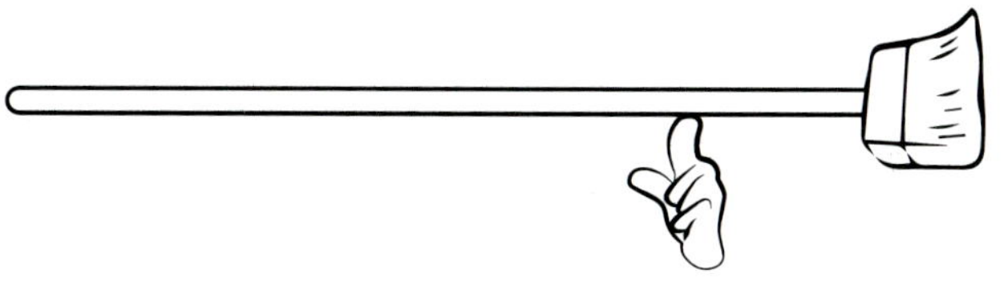

아래 그림과 같이 질량 M_1과 M_2로 구성된 물체의 질량 중심 x_{cm}를 구해 보자. 이때 연결선의 질량은 무시한다. 질량 중심 양쪽에 생기는 토크는 방향이 반대이므로 $M_1gd_1 = M_2gd_2$가 된다. 여기서 d_1은 질량 M_1과 질량 중심 사이의 거리이고, d_2는 질량 중심과 질량 M_2 사이의 거리이다. $d_1 = x_{cm} - x_1$이고 $d_2 = x_2 - x_{cm}$이므로 질량 중심은 다음과 같이 정의된다.

$$x_{cm} = \frac{M_1x_1 + M_2x_2}{M_1 + M_2}$$

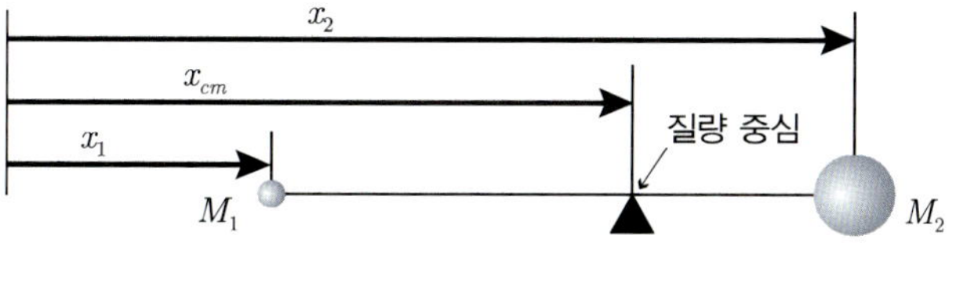

3 실험 기구

- 실험보드
- 경사면
- 피벗 장착대에 끼운 균형막대
- 평면추
- 추걸이(2개)
- 각도자
- 축받이통(2개)
- 추: 50 g(1개), 100 g(1개)
- 실타래

4 실험 방법

1) 균일한 막대의 질량 중심

1. 경사면을 실험보드의 중앙 위쪽에 수평이 되도록 붙이고 이를 수평선의 기준으로 삼는다(경사면에 매달린 수직추가 부착된 각도기의 수직선과 일치하도록 조정한다).
2. 균형막대 전체의 길이 D를 재어 표 1에 $\frac{D}{2}$를 기록한다.
3. 피벗 장착대를 경사면 아래에 붙이고 균형막대를 끼운 후 완전히 수평을 이루도록 막대의 위치를 조정하고, 피벗과 접하는 부분을 연필로 표시한다. 이때 피벗은 막대의 질량 중심을 지지하고 있는 것이다.
4. 막대 왼쪽 끝에서 연필로 표시한 두 지점의 중심까지의 거리를 자로 재어 표 1의 d_1에 기록하고 $\frac{D}{2}$와의 %오차를 구해본다. 2~4 과정을 3회 실시하고 평균과 표준편차를 계산하다.

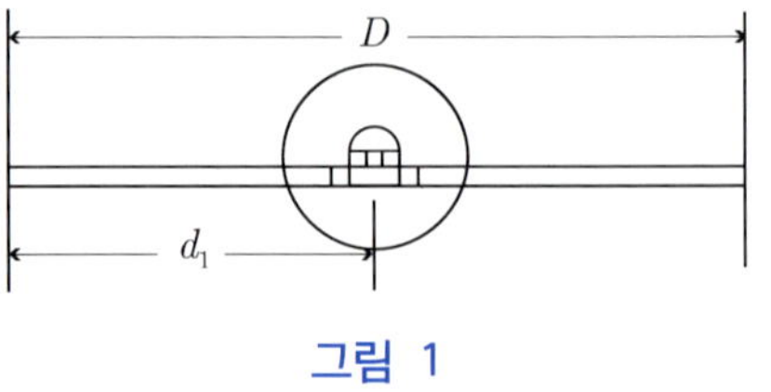

그림 1

2) 막대로 연결된 두 질점의 질량 중심

1. 균형막대의 양 끝에 고리 달린 축받이통을 끼우고 실로 고리에 추걸이를 건다.
2. 그림처럼 왼쪽 추걸이에는 50 g의 추를, 오른쪽 추걸이에는 100 g의 추를 매단다.
3. 질량을 매단 균형막대가 수평을 이루도록 균형막대의 위치를 조정한다. 그림에 나타낸 바와 같이 피벗에서 각 힘의 작용점까지의 거리 d_1, d_2, d_3를 재어 표 2에 기록한다. 이때 피벗은 질량을 매단 균형막대의 질량 중심을 지지하고 있는 것이다.
4. 힘 F_1, F_2, F_3를 표 2에 기록하고 토크 τ_1, τ_2, τ_3를 계산하여 함께 기록한다(단 M_3는 균형막대의 질량으로 30 g이고, F_3는 질량 중심에 미치는 힘이다). 또한 각 토크가 지면에서 나오는 방향(◉)인지 들어가는 방향(⊗)인지 표시하라.
5. 왼쪽 축받이통을 뺀 상태에서 다시 균형막대가 수평을 이루도록 균형막대의 위치를 재조정하고 4 과정을 반복한다.
6. $x_{cm} = \dfrac{M_3 x_1 + M_2 x_2}{M_3 + M_2}$ 로 계산된 값과 균형막대의 왼쪽 끝에서 피벗까지의 거리 d 간의 % 오차를 구해본다(여기서 $x_1 = d_1 - d_3$, $x_2 = d_1 + d_2$이다).

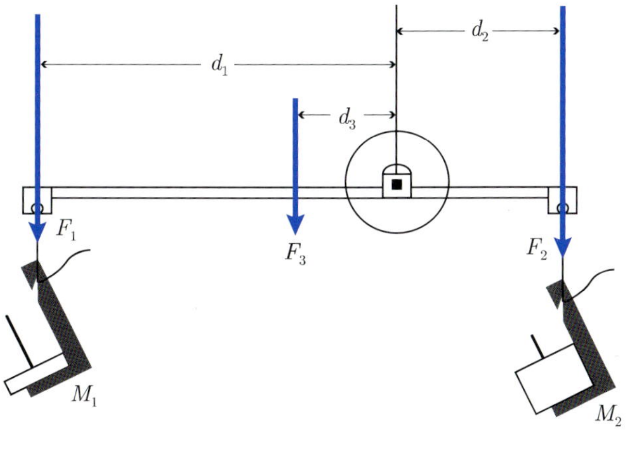

그림 2

3) 평판의 질량 중심

1. 실험보드에 각도자를 붙인다.
2. 평면추에 적당한 크기의 흰 종이를 스카치테이프로 붙인다.
3. 평면추의 구멍을 각도자의 중앙과 일치시켜서 고정핀을 꽂아 매단다.
4. 추걸이에 실을 연결하여 고정핀에 매달고 추를 걸어서 실이 수직하게 당겨지도록 한다. 실의 방향을 종이에 표시한다.
5. 평면추를 돌려 다른 구멍에 고정핀을 꽂고 4 과정을 반복한다.
6. 평면추를 떼내어 종이에 나타낸 표식들을 연결하여 무게 중심을 구한다.
7. 두꺼운 도화지로 다양한 모양의 평판을 만들어 무게 중심을 찾아본다.

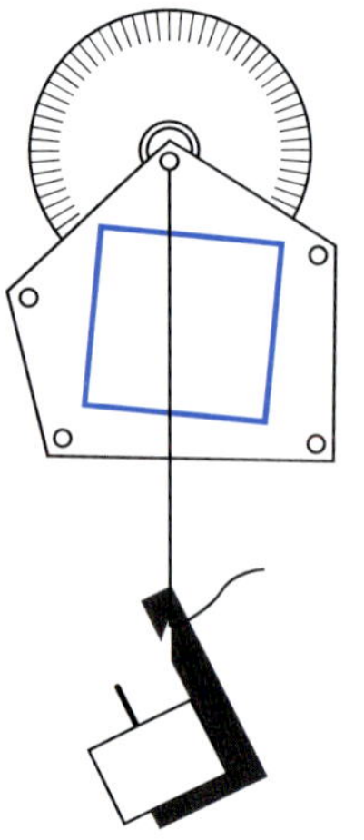

그림 3

평판 전체에 작용하는 핀의 힘이 질량의 각 부분에 작용하는 중력의 합과 평형을 이루므로, 핀의 힘과 평판의 질량 중심에 가해지는 중력의 방향은 일직선을 이룬다.

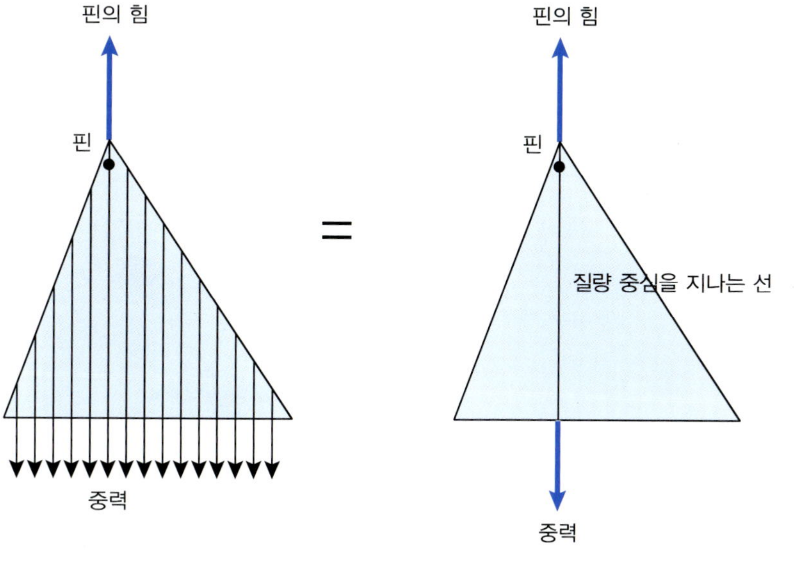

따라서 다음의 과정으로 질량 중심을 알아낼 수 있다.

1. 평판의 한 꼭짓점을 핀으로 고정하여 매달고, 동일 핀에 연결된 추를 늘어뜨려 실이 지나는 선을 긋는다.
2. 다른 꼭짓점을 핀으로 고정하여 매달고 추를 늘어뜨려 실이 지나는 선을 긋는다.
3. 각 꼭짓점에서 그은 선들이 교차하는 지점을 찾는다.

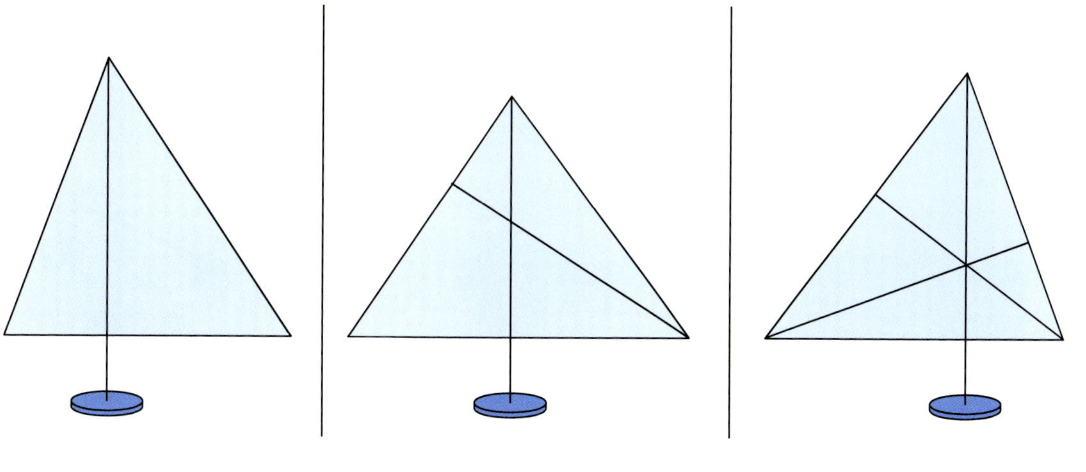

잠깐 실험 기구의 유무를 확인하고 실험 시작

		실험장비	개수	실험 전	실험 후
		실험보드	1		
A		경사면	1		
B		수직추	1		
C		마찰블록	1		
D		용수철저울	1		
E		토크휠	1		
F		각도자	1		
G		고정핀	1		
H		추걸이	3		
I		도르래 블록	1		
J	1	박스	1		
	2	토크표시기	4		
	3	축받이통	3		
	4	실타래	1		
	5	링	1		
K	1	100 g	2		
	2	50 g	2		
	3	20 g	4		
	4	10 g	2		
		클립	10		
L		굴림추	1		
M		평면추	1		
N		큰 도르래	1		
O		작은 도르래	2		
P		피벗 장착대에 끼운 균형막대	1		

A.
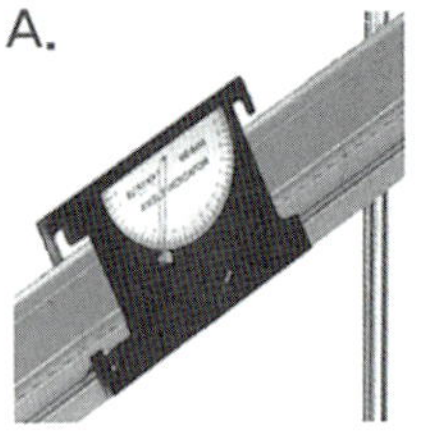
B.

C.

D.

E.

F.
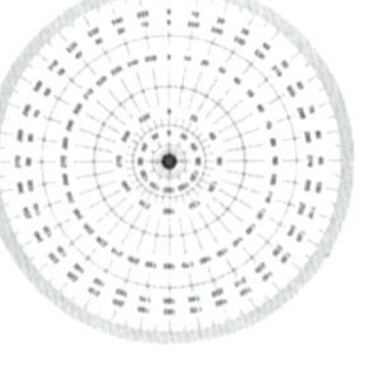
G.
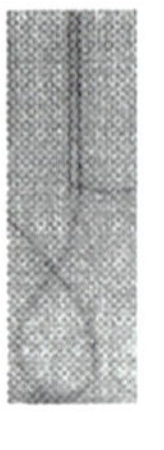
H.

I.

J.
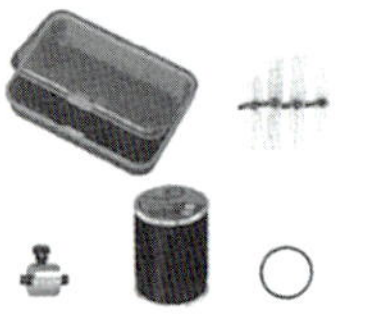
K.
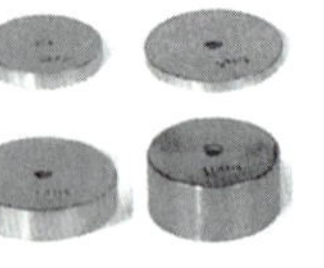
L.
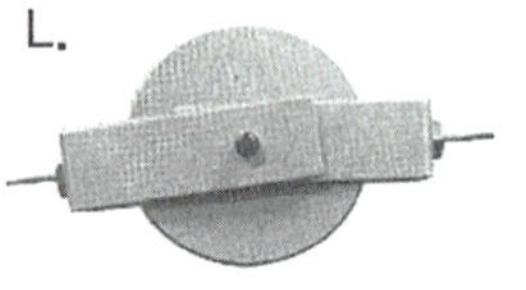
M.

N.

O.

P.

실험보드

종료 후 실험 기구의 유무를 확인받읍시다.

조교확인 : ㊞ 일자 :

Report

06 질량 중심

학과:	이름(조):	공동실험자:
학번:		
실험수행일자:	당일 레포트 완성	1주 후 레포트 완성
조교확인: ㊞	조교확인: ㊞	조교확인: ㊞

1 실험 목적

2 핵심 이론

3 결과 및 분석

1) 균일한 막대의 질량 중심

표 1

No	$\frac{D}{2}$(cm)	d_1(cm)	%오차
1			
2			
3			
평균			
표준편차			

2) 막대로 연결된 두 질점의 질량 중심

표 2

M_1(g)	F_1(N)	d_1(cm)	M_2(g)	F_2(N)	d_2(cm)	M_3(g)	F_3(N)	d_3(cm)
57.2			107.2			30		
0			107.2			30		

τ_1(Nm)	방향	τ_2(Nm)	방향	τ_3(Nm)	방향	총 토크	
						크기(Nm)	방향

x_{cm}(cm)	d(cm)	%오차

분석

3) 평판의 질량 중심

실험 장치에 포함된 평판을 포함하여 세 가지 모양을 지닌 평판의 질량 중심 그리기

평판 1	평판 2
평판 3	평판 4

보너스 점수

질량 중심 찾기 실험에서 다양한 모양의 평판을 아래 사진과 같이 뾰족하고 가는 곳에 수평이 되게 올려 놓고 사진을 찍어 붙이세요.

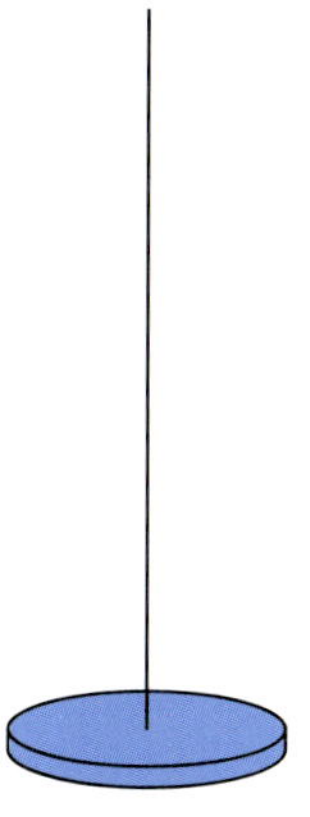

조교확인 : ㊞ 일자 :

경사면

Experiment 07

1 실험 목적

경사면에서 물체를 끌어올리는 데 얼마만큼의 힘이 필요한지, 지지할 수 있는 무게는 얼마나 되는지 본다.

2 실험 이론

무거운 물체를 낮은 곳에서 높은 곳으로 들어 올리는 경우, 경사면을 이용하면 작은 힘을 들여도 가능하다. 경사면의 각도가 낮을수록 힘이 덜 들지만 힘을 주고 이동하는 거리가 길어지므로 상황에 맞게 적절한 각도의 경사면을 사용한다.

각도 θ인 경사면에서는 물체가 받는 중력 mg가 경사면에 평행하게 당기는 힘과 경사면에 수직하게 당기는 힘으로 나뉜다. 경사면에 수직하게 당기는 힘은 경사면이 물체를 받치고 있는 수직항력 N에 의해 상쇄된다. 따라서 경사면에 평행하게 당기는 힘 $mg\sin\theta$에 대항하는 힘을 가하면 물체를 끌어 올릴 수 있다. 이번 실험에서는 마찰력은 무시한다.

$$F = mg\sin\theta, \quad N = mg\cos\theta$$

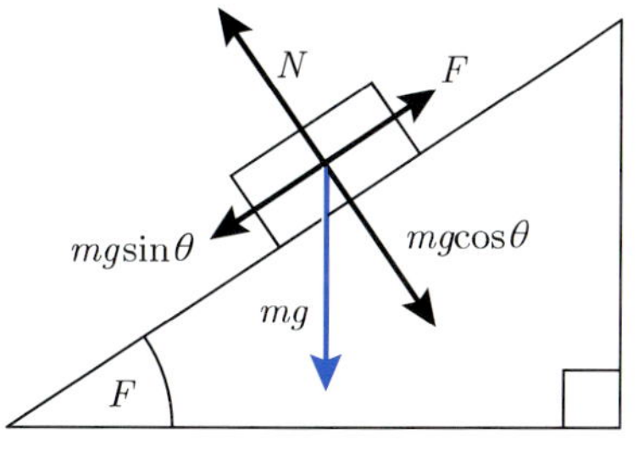

3 실험 기구

- 실험보드
- 경사면
- 용수철저울
- 굴림추
- 큰 도르래(1개), 작은 도르래(1개)
- 추걸이
- 추: 20 g(4개), 50 g(2개)
- 실타래

4 실험 방법

1) 경사면에 평행한 힘 I

1. 용수철저울에 굴림추를 직접 달고 그 질량(M)과 무게(W)를 측정하여 표 1에 기록한다.
2. 경사면에 매달린 수직추를 사용하여 각도 θ가 15°가 되도록 경사면을 실험보드에 붙인다(그림 1 참조).
3. 경사면 위에 굴림추를 놓고, 연결된 실을 작은 도르래를 거쳐 용수철저울에 매단다(이때 실이 경사면과 평행하여야 한다).
4. 굴림추가 정지상태에 있을 때 용수철저울의 눈금을 읽어 표 1의 F_x에 기록한다.
5. W의 x축 성분인 W_x를 계산하고 F_x와 W_x 간의 %오차를 구하여 표 1의 해당란에 기록한다.
6. 경사면의 각도를 표 1에 제시된 값으로 바꾸어 4~5 과정을 반복한다.

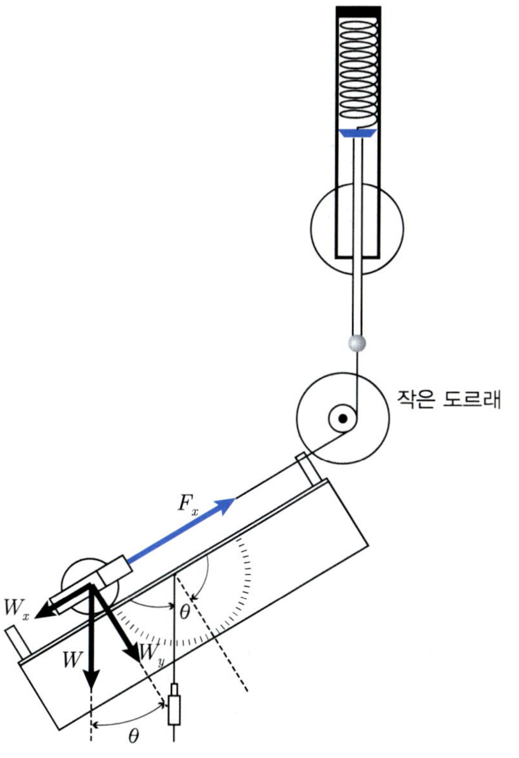

그림 1

2) 경사면에 평행한 힘 II

1. 그림 2와 같이 장치를 설치하고 추걸이에 50 g의 추를 건다.
2. 굴림추가 정지상태에 있도록 경사면의 각도를 조정한다.
3. 매달린 질량(M')과 무게(F_x), 그리고 경사면의 각도(θ)를 표 2에 기록한다.
4. 경사면에 평행한 굴림추의 무게 성분인 W_x를 계산하고 F_x와 W_x 간의 %오차를 구하여 표 2의 해당란에 기록한다.
5. 매달린 추의 질량을 표 2에 제시된 값으로 바꾸어 2～4 과정을 반복한다.

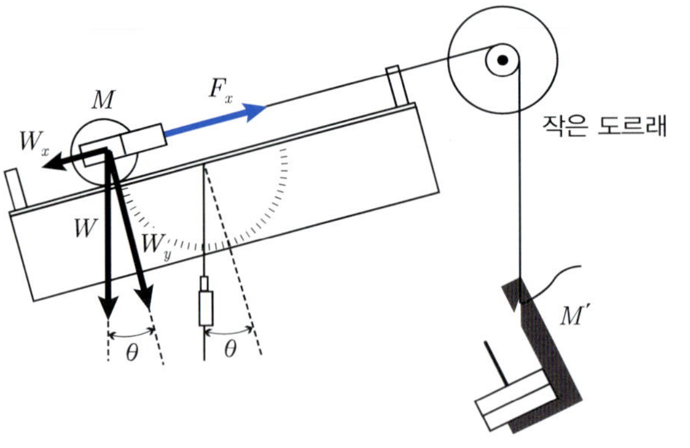

그림 2

3) 경사면에 수직한 힘

1. 그림 2의 장치에서 추걸이에 50 g의 추를 달고 굴림추가 정지상태에 있도록 경사면의 각도를 조정한 후, 그림 3과 같이 큰 도르래와 용수철저울을 설치한다.
2. 굴림추의 브라켓에 연결된 실이 경사면에 수직하게 당겨지도록 큰 도르래와 용수철저울의 위치를 조정한다.
3. 용수철저울을 위쪽으로 움직여서 굴림추가 경사면에서 떨어지기 시작할 정도의 힘을 가하고, 용수철저울의 눈금을 읽어서 표 3의 F_y에 기록한다.
4. 경사면에 수직한 굴림추의 무게 성분인 W_y를 계산하고, F_y과 W_y 간의 %오차를 구하여 표 3의 해당란에 기록한다.
5. 매달린 추의 질량을 표 3에 제시된 값으로 바꾸어 1~4 과정을 반복한다.

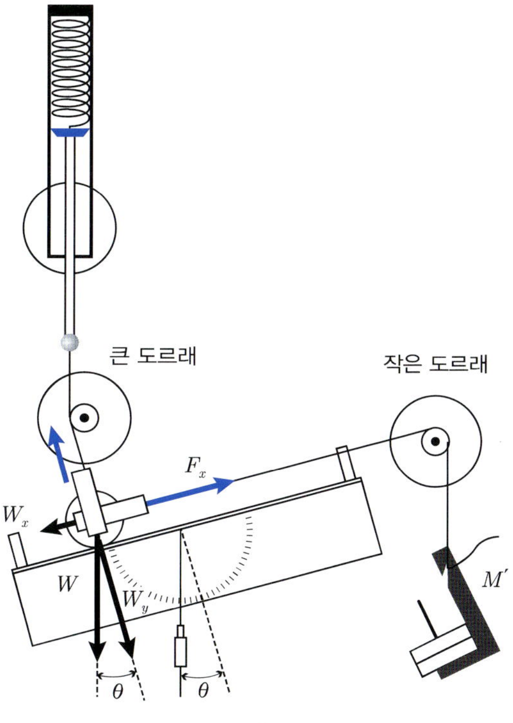

그림 3

잠깐 실험 기구의 유무를 확인하고 실험 시작

		실험장비	개수	실험 전	실험 후
		실험보드	1		
A		경사면	1		
B		수직추	1		
C		마찰블록	1		
D		용수철저울	1		
E		토크휠	1		
F		각도자	1		
G		고정핀	1		
H		추걸이	3		
I		도르래 블록	1		
J	1	박스	1		
	2	토크표시기	4		
	3	축받이통	3		
	4	실타래	1		
	5	링	1		
K	1	100 g	2		
	2	50 g	2		
	3	20 g	4		
	4	10 g	2		
		클립	10		
L		굴림추	1		
M		평면추	1		
N		큰 도르래	1		
O		작은 도르래	2		
P		피벗 장착대에 끼운 균형막대	1		

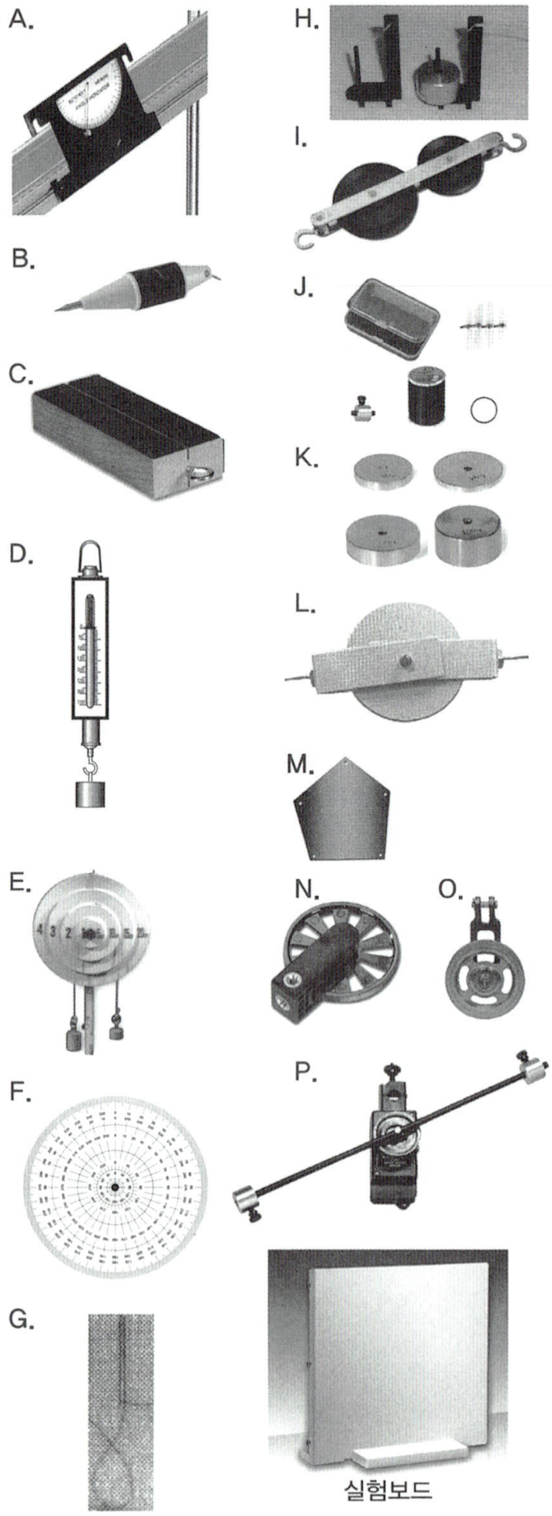

종료 후 실험 기구의 유무를 확인받읍시다.

조교확인 : ㊞ 일자 :

Report

07 경사면

학과:	이름(조):	공동실험자:
학번:		
실험수행일자:	당일 레포트 완성	1주 후 레포트 완성
조교확인: ㊞	조교확인: ㊞	조교확인: ㊞

1 실험 목적

2 핵심 이론

3 결과 및 분석

1) 경사면에 평행한 힘 I

표 1

굴림추의 질량 M(g): 무게 W(N):

각도(°)	용수철저울 F_x(N)	$W_x = W\sin\theta$(N)	%오차
15			
30			
45			

분석

2) 경사면에 평행한 힘 II

표 2

굴림추의 질량 M(g):　　　　　무게 W(N):

매달린 질량 M'(g)	평형각도 θ(°)	매달린 무게 F_x(N)	$W_x = W\sin\theta$(N)	%오차
55				
75				
95				

* 매달린 질량은 추걸이와 추의 질량을 합한 값

분석

3) 경사면에 수직한 힘

표 3

굴림추의 질량 M(g): 무게 W(N):

매달린 질량 M'(g)	평형각도 θ(°)	용수철저울 F_y(N)	$W_y = W\cos\theta$(N)	%오차
55				
75				
95				

* 매달린 질량은 추걸이와 추의 질량을 합한 값

분석

보너스 점수

아래 그림은 질량이 1000 kg인 차를 타고 경사면을 내려오는 모습이다. 각 경사면에서 이들이 받는 알짜힘 $F_{알짜}$와 가속도 a를 구하시오(계산 과정도 쓰시오).

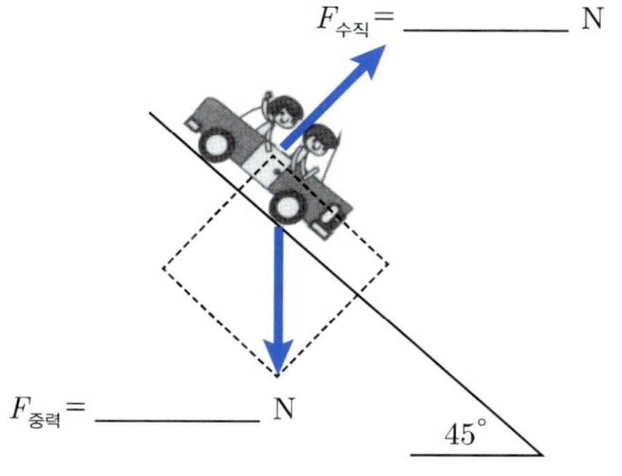

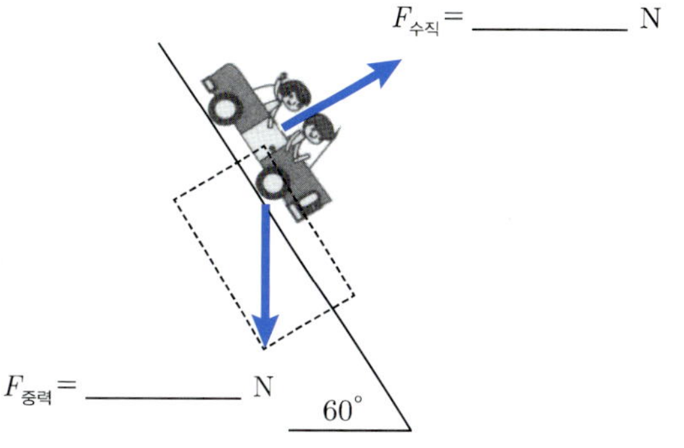

$m = 1000$ kg

$a =$ ______ m/s^2

$F_{알짜} =$ ________ N

$m = 1000$ kg

$a =$ ______ m/s^2

$F_{알짜} =$ ________ N

조교확인 : ㉳ 일자 :

미끄럼 마찰력

Experiment 08

1 실험 목적

운동 중에 있는 접촉된 두 물체의 미끄럼 동작을 막는 미끄럼 마찰력의 특성을 확인한다.

2 실험 이론

외력 F에 의해 물체가 다른 물체의 표면에 접하여 움직이려고 할 때, 또는 움직이고 있을 때, 그 운동을 저지하려는 힘이 접촉면을 따라 작용한다. 이 저항력을 마찰력 F_f라 한다. 이 힘은 물체의 수직항력과 마찰계수의 곱으로 계산된다.

$$F_f = \mu N \ (\mu\text{: 마찰계수, } N\text{: 수직항력})$$

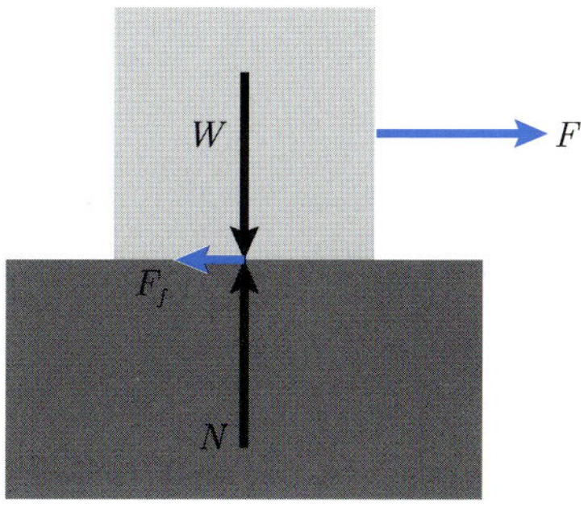

마찰계수는 접촉면의 성질에 따라 달라진다. 0보다 크며, 접촉면이 거칠수록 그 값은 1에 가까워진다. 얼음판은 잘 미끄러지므로 마찰계수가 작고, 아스팔트는 비교적 마찰계수가 크다. 따라서 마찰력은 물체가 무거울수록(수직항력이 클수록), 물체와 바닥면 사이가 거칠수록(마찰계수가 클수록) 커진다. 그리고 이상적인 상태에서 마찰력은 접촉면의 면적에 무관하다.

3 실험 기구

- 실험보드
- 경사면
- 마찰블록
- 작은 도르래(1개)
- 추걸이(1개)
- 추: 50 g(2개), 20 g(4개), 10 g(2개)
- 클립(10개)
- 실타래
- 용수철저울

4 실험 방법

1. 용수철저울을 사용하여 마찰블록의 무게 W를 측정한다.
2. 그림처럼 경사면에 매달린 수직추를 사용하여 면이 수평이 되도록 설치한다. 마찰블록의 A면을 경사면 위에 놓고 실로 연결된 추걸이를 작은 도르래를 통해 아래로 늘어뜨린다(이때 실과 경사면이 평행을 이루도록 해야 한다).
3. 마찰블록을 작은 힘으로 살짝 밀어주었을 때, 면을 따라 등속도로 계속해서 움직이도록 매달린 추의 무게를 조정한다. 만약 블록이 움직이다가 멈춘다면 추걸이에 올려놓은 추가 가볍기 때문이고, 반대로 점차 빨라진다면 추가 너무 무겁기 때문이다.

※ 마찰블록이 등속운동을 한다는 것은 매달은 질량의 힘 F가 마찰블록의 미끄럼 마찰력 F_f와 동등함을 의미한다.

4. 마찰블록 위에 $m = 40$ g의 추를 올려서 마찰블록의 바닥이 경사면 바닥에 완전히 접촉되도록 한다.
5. 마찰블록을 작은 힘으로 살짝 밀어주었을 때 면을 따라 등속도로 계속해서 움직이도록 추의 질량을 조정한다.
6. 표 1에 N, M(추걸이 질량 포함), F를 기록하고, 마찰계수 μ를 구하여 표 1의 해당란에 기록한다.
7. 마찰블록 위에 표 1에 제시된 질량을 올려서 5~6 과정을 반복한다. 3회 측정결과의 평균과 표준편차를 구한다.
8. 마찰블록 B면을 바닥으로 하여 4~7 과정을 반복하고 결과를 표 2에 기록한다.
9. 마찰블록 C면을 바닥으로 하여 4~7 과정을 반복하고 결과를 표 3에 기록한다.

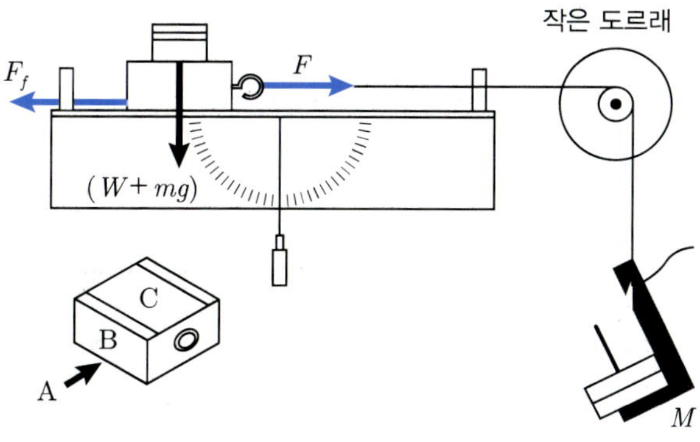

그림 1

도움말

- 마찰블록의 한 면 중 테플론 테이프 처리가 된 부분은 온도변화에 의해 변형될 수 있다. 실험 전에 면이 평평하게 되어 있는지 확인하고, 그렇지 않을 경우 손으로 눌러 평평하게 한 다음 실험한다.
- 마찰블록을 경사면 위에 놓고 실로 연결된 추걸이를 도르래를 통해 아래로 늘어지게 설치할 때 실이 경사면과 수평이 되도록 도르래의 위치를 조정한다.
- 클립을 사용하면 매달린 질량을 세밀하게 조정할 수 있다.

잠깐 실험 기구의 유무를 확인하고 실험 시작

		실험장비	개수	실험 전	실험 후
		실험보드	1		
A		경사면	1		
B		수직추	1		
C		마찰블록	1		
D		용수철저울	1		
E		토크휠	1		
F		각도자	1		
G		고정핀	1		
H		추걸이	3		
I		도르래 블록	1		
J	1	박스	1		
	2	토크표시기	4		
	3	축받이통	3		
	4	실타래	1		
	5	링	1		
K	1	100 g	2		
	2	50 g	2		
	3	20 g	4		
	4	10 g	2		
		클립	10		
L		굴림추	1		
M		평면추	1		
N		큰 도르래	1		
O		작은 도르래	2		
P		피벗 장착대에 끼운 균형막대	1		

A.
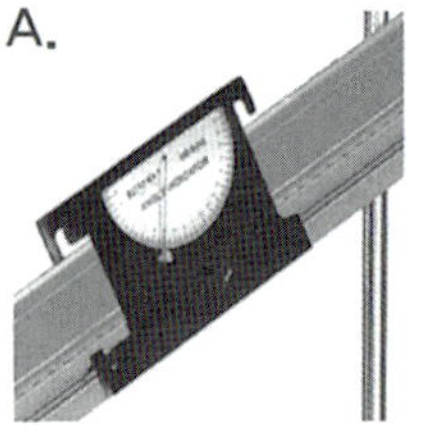
B.

C.

D.

E.

F.
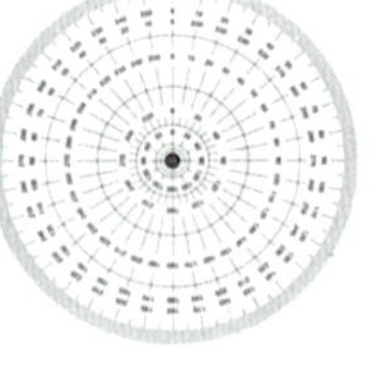
G.
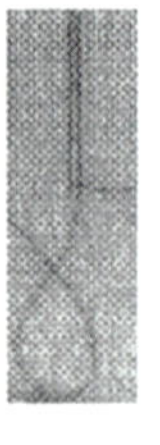
H.

I.

J.
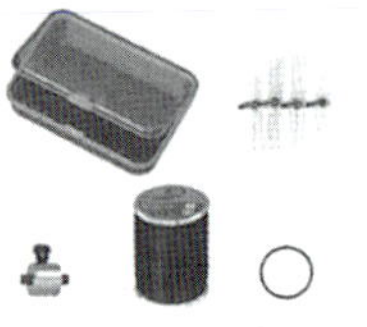
K.
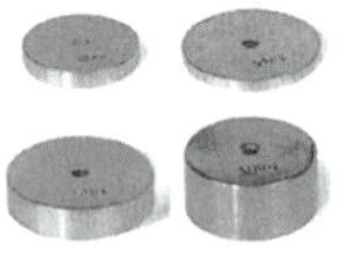
L.

M.
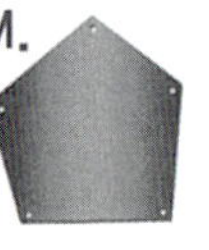
N.

O.

P.
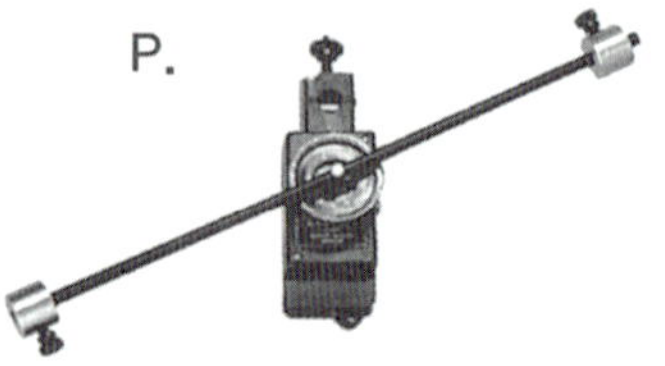
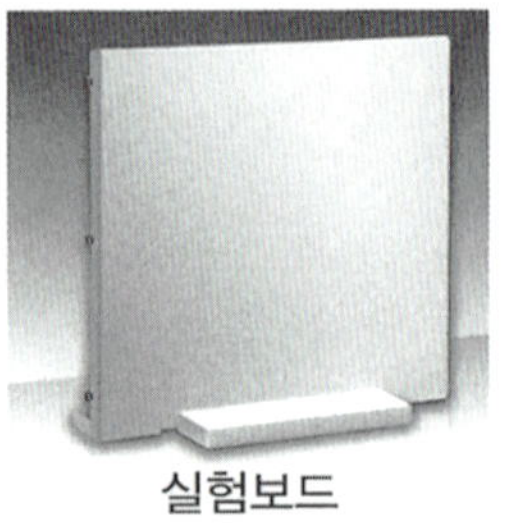
실험보드

종료 후 실험 기구의 유무를 확인받읍시다.

조교확인 : ㉿ 일자 :

Report
08 미끄럼 마찰력

학과:	이름(조):	공동실험자:
학번:		
실험수행일자:	당일 레포트 완성	1주 후 레포트 완성
조교확인: ㉩	조교확인: ㉩	조교확인: ㉩

1 실험 목적

2 핵심 이론

3 결과 및 분석

1) 마찰블록 A면의 마찰계수 측정

표 1 마찰블록의 무게 W:

m(g)	$N = W + mg$(N)	M(g)	$F = Mg$(N)	$\mu = F/N$
40				
80				
120				
평균				
표준편차				

분석

다음 문항이 맞으면 ○표, 틀리면 ×표를!

마찰계수는 물체의 무게에 따라 달라진다. ( )

마찰력은 물체의 무게에 따라 달라진다. ( )

2) 마찰블록 B면의 마찰계수 측정

표 2

마찰블록의 무게 W:

m(g)	$N = W + mg$(N)	M(g)	$F = Mg$(N)	$\mu = F/N$
40				
80				
120				
평균				
표준편차				

분석

다음 문항이 맞으면 ○표, 틀리면 ×표를!

마찰계수는 접촉면의 면적에 따라 달라진다. (　)

마찰력은 접촉면의 면적에 따라 달라진다. (　)

3) 마찰블록 C면의 마찰계수 측정

표 3 마찰블록의 무게 W:

m(g)	$N = W + mg$(N)	M(g)	$F = Mg$(N)	$\mu = F/N$
40				
80				
120				
평균				
표준편차				

분석

다음 문항이 맞으면 ○표, 틀리면 ×표를!

마찰계수는 접촉면의 성질에 따라 달라진다. ( )

마찰력은 접촉면의 성질에 따라 달라진다. ( )

보너스 점수

1. 실험을 통해 마찰력은 접촉면의 면적에 무관함을 알 수 있었다. 그런데 얼음판 위의 스케이트는 왜 날카로울까?

2. 자동차 타이어의 종류 중에 왜 광폭 타이어를 선호할까?

조교확인 : ㊞ 일자 :

지렛대

Experiment 09

1 실험 목적

지렛대의 기본원리를 이해하고 지렛대에 힘을 가하면서 이동시킬 물체의 위치에너지 변화를 살펴 일과 에너지 보존법칙을 확인한다.

2 실험 이론

지렛대는 막대의 한 점을 받치고 그 받침점을 중심으로 물체를 움직이는 단순장치이다. 그림과 같이 막대 위에 받침점에서 가까운 쪽 끝에 무거운 물체를 두고 먼 쪽 끝에서 힘을 가하면, 약한 힘으로도 무거운 물체를 들어 올릴 수 있다. 지렛대의 작용은 토크의 개념으로 쉽게 이해할 수 있지만, 일과 에너지 보존의 개념으로도 이해할 수 있다.

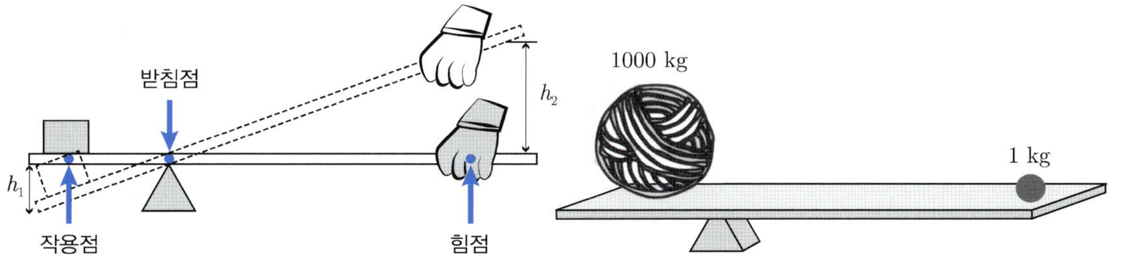

물리학에서 일은 작용하는 힘과 그 힘이 작용한 거리의 곱으로 정의된다. 지레로 물체가 들렸다는 것은 중력의 위치에너지 변화량만큼의 일을 했음을 의미한다. 그런데 위 그림에서 알 수 있듯이 물체를 받침점 가까이에 두면 물체가 들려진 거리 h_1보다 힘이 작용하는 거리 h_2가 더 길다. 따라서 물체를 받침점 가까이에 둘수록 더 작은 힘으로 같은 효과를 얻을 수 있다.

지렛대는 받침점, 작용점, 그리고 힘점의 위치에 따라 다음과 같이 세 유형으로 구분된다.

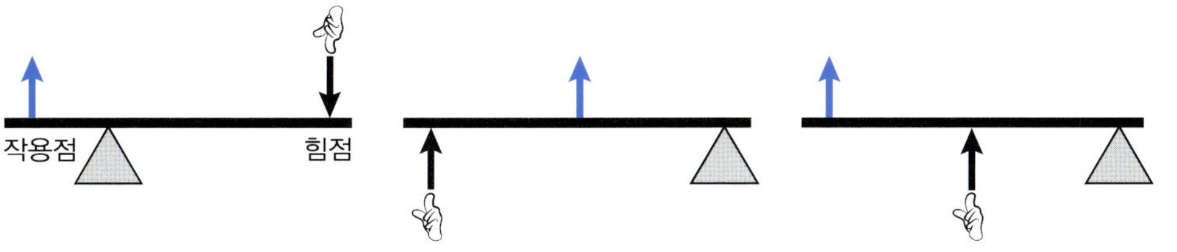

I형 지렛대　　II형 지렛대　　III형 지렛대

3 실험 기구

- 실험보드
- 용수철저울
- 피벗 장착대에 끼운 균형막대
- 큰 도르래
- 추걸이
- 추: 100 g(1개), 50 g(1개)
- 실타래
- 축받이통(2개)

4 실험 방법

1) I형 지렛대

1. 실험보드에 테이프로 흰 종이를 붙인다.
2. 균형막대의 중심이 피벗에 위치하도록 조정하고 그림 1과 같이 장치를 설치한다.
3. 왼쪽 축받이통에 걸린 추걸이에 100 g의 추를 달아 피벗 장착대 가깝게 위치시킨다(매달린 질량 M_1은 추, 추걸이, 고리, 그리고 축받이통의 질량을 합한 값이다).
4. 용수철저울이 매달린 오른쪽 축받이통은 가능한 피벗 장착대로부터 먼 곳에 위치시키고 균형막대가 수평을 이루도록 큰 도르래와 용수철저울의 위치를 위아래로 조정한다.
5. 피벗과 왼쪽 축받이통 사이의 거리 d_1, 피벗과 오른쪽 축받이통 사이의 거리 d_2, 매달린 질량 M_1과 힘 F_1, 용수철저울의 눈금 F_2를 표 1-a에 기록하고, F_1과 F_2에 의해 발생되는 토크 τ_1과 τ_2를 계산하여 이들의 방향을 고려하여 총 토크를 구한다.
6. 용수철저울과 매달린 추의 위치를 실험보드에 붙인 종이에 펜으로 표시해 둔다.
7. 용수철저울을 위쪽으로 천천히 밀어 올린다. 이러한 동작을 충분히 느리게 실행한다면 용수철저울에서 읽은 값이 크게 변하지 않을 것이다.
8. 그림 1에 나타낸 h_1과 h_2를 측정하여 표 1-b에 기록한다. 용수철저울의 눈금 F_2와 매달린 질량의 힘 F_1도 함께 기록한다.
9. 용수철저울이 한 일 $\text{Work} = F_2 h_2$, 매달린 질량이 지구의 일정한 중력계에서 위로 올라갈 때 생긴 위치에너지의 변화 $\Delta U = F_1 h_1$을 계산하여 표 1-b에 기록한다.
10. 두 값의 %오차를 계산하여 표 1-b에 기록한다.

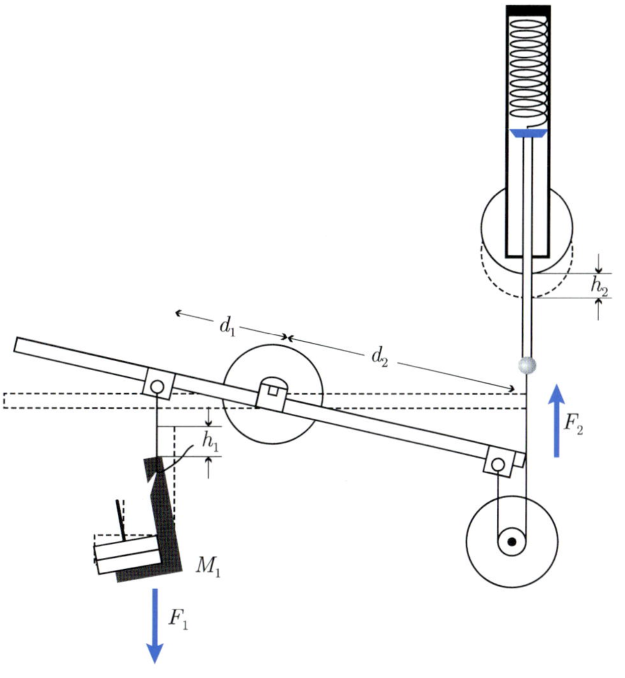

그림 1

세밀하게 관찰해보기

이 실험에서 균형막대의 질량을 고려하지 않은 이유를 생각해보자.

2) II형 지렛대

1. 실험보드에 흰 종이를 붙이고 균형막대의 중심을 표시하여 그림 2와 같이 II형 지렛대 장치를 설치한다.
2. 추의 질량을 50 g으로 바꾸어 I형 지렛대와 동일한 방법으로 실시한다.
3. F_1과 F_2에 의해 발생되는 토크 τ_1과 τ_2를 계산하여 표 2-a에 기록한다. 이때 균형막대의 질량 중심에 의해 발생되는 토크 τ_3도 고려하여 총 토크를 구한다.
4. 용수철저울이 한 일 $\mathrm{Work} = F_2 h_2$와 매달린 질량에 의한 중력 위치에너지의 변화 $\Delta U_1 = F_1 h_1$을 계산하여 표 2-b에 기록하고 이들의 %오차를 함께 기록한다.
5. 균형막대의 질량에 의한 중력 위치에너지의 변화 ΔU_3를 고려하여 총 위치에너지 변화 ΔU를 구하여 표 2-c에 기록하고 %오차를 함께 기록한다.

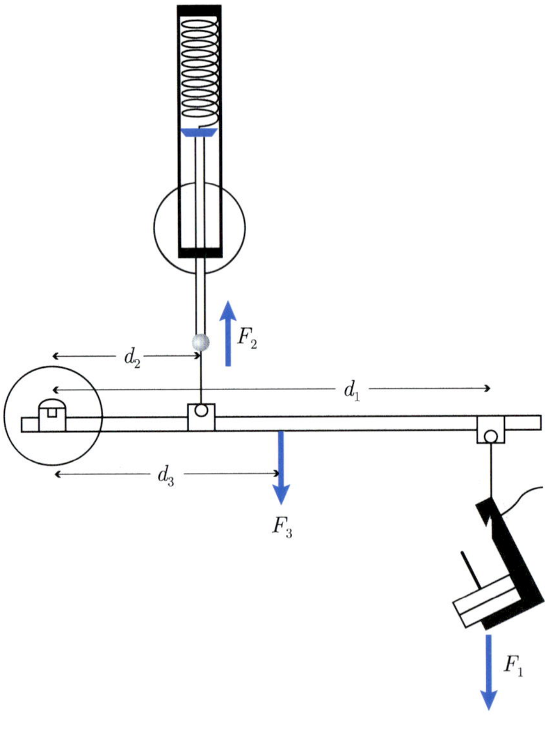

그림 2

세밀하게 관찰해보기

이 실험에서는 균형막대의 질량을 고려해야 하는 이유를 생각해보자.

3) III형 지렛대

1. 실험보드에 흰 종이를 붙이고 그림 3과 같이 III형 지렛대 장치를 설치한다.
2. II형 지렛대와 동일한 방법으로 실험을 실시하여 그 결과를 표 3에 기록한다.

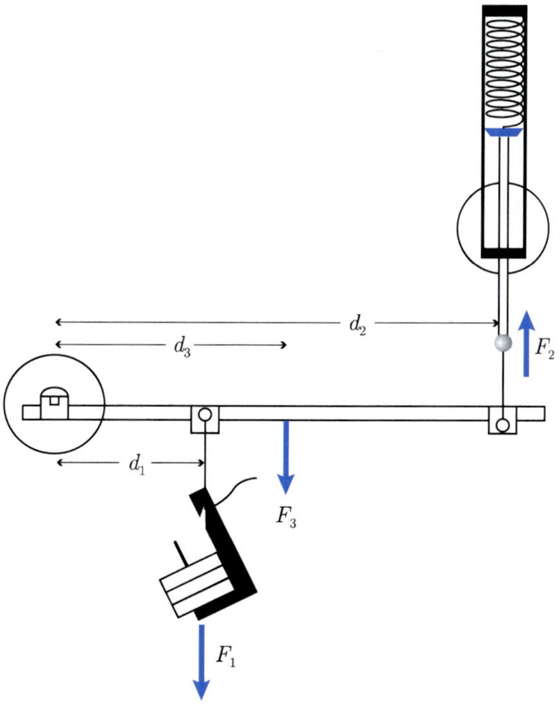

그림 3

세밀하게 관찰해보기

이 실험에서도 균형막대의 질량을 고려해야 하는 이유를 생각해보자.

잠깐 실험 기구의 유무를 확인하고 실험 시작

		실험장비	개수	실험 전	실험 후
		실험보드	1		
A		경사면	1		
B		수직추	1		
C		마찰블록	1		
D		용수철저울	1		
E		토크휠	1		
F		각도자	1		
G		고정핀	1		
H		추걸이	3		
I		도르래 블록	1		
J	1	박스	1		
	2	토크표시기	4		
	3	축받이통	3		
	4	실타래	1		
	5	링	1		
K	1	100 g	2		
	2	50 g	2		
	3	20 g	4		
	4	10 g	2		
		클립	10		
L		굴림추	1		
M		평면추	1		
N		큰 도르래	1		
O		작은 도르래	2		
P		피벗 장착대에 끼운 균형막대	1		

A.
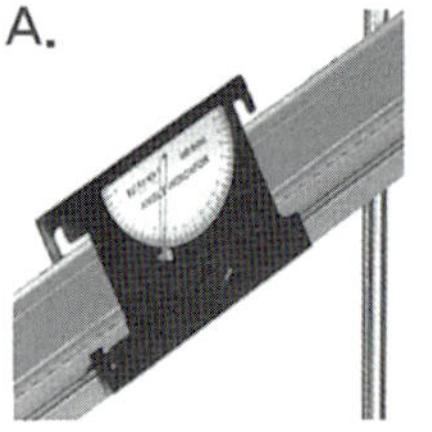
B.

C.

D.

E.

F.
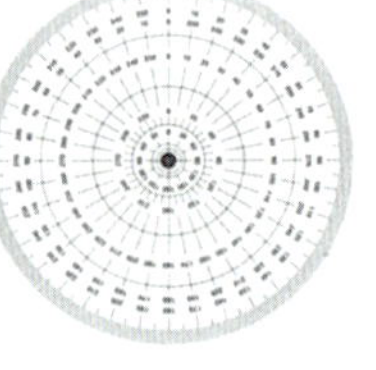
G.
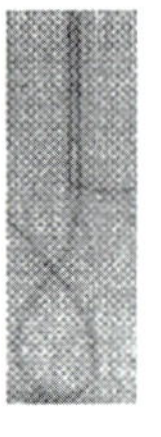
H.

I.

J.

K.
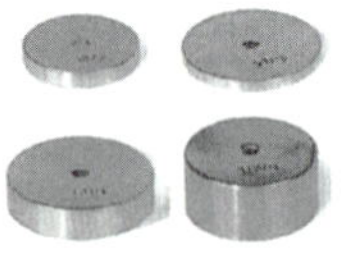
L.

M.
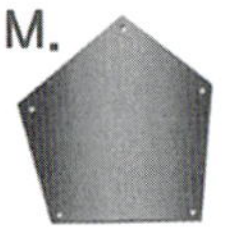
N.

O.

P.
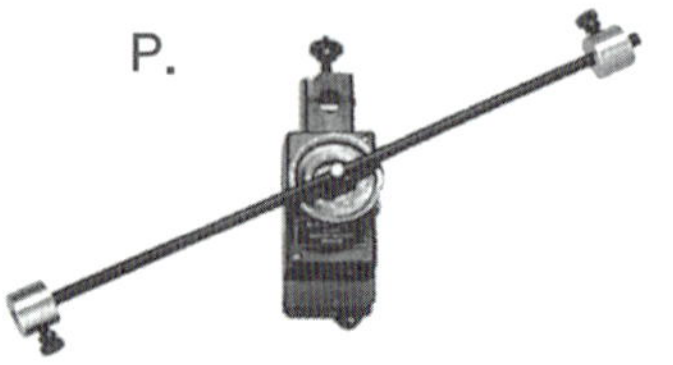

실험보드

종료 후 실험 기구의 유무를 확인받읍시다.

조교확인 : ㉣ 일자 :

Report
09 지렛대

<table>
<tr><td>학과:</td><td rowspan="2">이름(조):</td><td rowspan="2">공동실험자:</td></tr>
<tr><td>학번:</td></tr>
<tr><td>실험수행일자:</td><td>당일 레포트 완성</td><td>1주 후 레포트 완성</td></tr>
<tr><td>조교확인: ㊞</td><td>조교확인: ㊞</td><td>조교확인: ㊞</td></tr>
</table>

1 실험 목적

2 핵심 이론

3 결과 및 분석

1) I형 지렛대

표 1-a

d_1(cm)	M_1(g)	F_1(N)	τ_1	d_2(cm)	F_2(N)	τ_2	총 토크

표 1-b

h_1(cm)	M_1(g)	F_1(N)	$\Delta U = F_1 h_1$	h_2(mm)	F_2(N)	$\mathrm{Work} = F_2 h_2$	%오차

2) II형 지렛대

표 2-a

$d_3 = 17.8\ \mathrm{cm}$

d_1(cm)	M_1(g)	F_1(N)	τ_1	d_2(cm)	F_2(N)	τ_2	F_3(N)	τ_3	총 토크

표 2-b

h_1(cm)	M_1(g)	F_1(N)	ΔU_1	h_2(mm)	F_2(N)	Work	%오차

표 2-c

ΔU_1	ΔU_3	$\Delta U = \Delta U_1 + \Delta U_3$	Work	%오차

3) Ⅲ형 지렛대

표 3-a

$d_3 = 17.8$ cm

d_1(cm)	M_1(g)	F_1(N)	τ_1	d_2(cm)	F_2(N)	τ_2	F_3(N)	τ_3	총 토크

표 3-b

h_1(cm)	M_1(g)	F_1(N)	ΔU_1	h_2(mm)	F_2(N)	Work	%오차

표 3-c

ΔU_1	ΔU_3	$\Delta U = \Delta U_1 + \Delta U_3$	Work	%오차

분석

보너스 점수

지렛대는 받침점, 작용점, 그리고 힘점의 위치에 따라 다음과 같이 세 유형으로 구분된다. 각 유형의 특징을 설명하고 주변에서 이를 응용한 도구들을 찾아보자.

1. I형 지렛대

2. II형 지렛대

3. III형 지렛대

조교확인 : ㊞ 일자 :

도르래

Experiment 10

1 실험 목적

도르래의 유형을 살펴보고, 어떻게 도르래가 힘을 적게 들여 일을 하는지를 실험을 통해 이해한다.

2 실험 이론

도르래는 홈이 패인 바퀴에 밧줄이나 사슬을 걸고 물건을 들어 올리거나 잡아당기는 기구이다. 도르래는 힘의 작용방향을 바꾸거나 좀 더 작은 힘으로 물체를 이동시키기 위해 사용된다. 도르래는 크게 고정 도르래와 움직 도르래로 나뉜다.

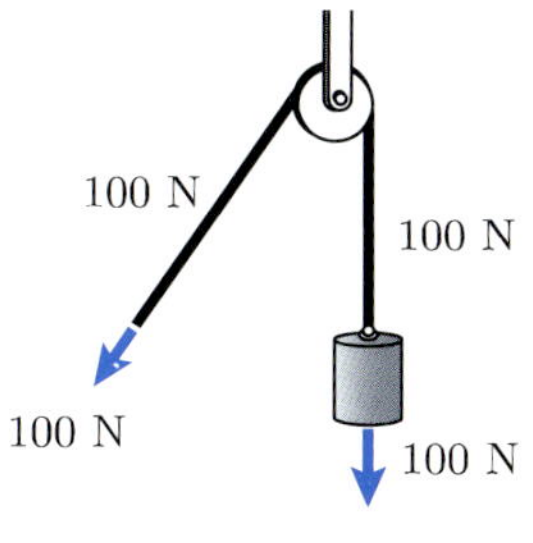

고정 도르래는 축이 고정되어 있는 도르래이다. 줄의 한쪽에 물체를 연결하고 다른 쪽을 잡아당기면 물체가 움직인다. 고정 도르래는 힘의 작용점을 바꾸는 역할만을 한다. 우물에 걸린 두레박 같이 더 안정적인 자세로 작업을 할 수 있게 도와주지만 물체를 그냥 들어 올리는 것과 똑같은 힘이 든다.

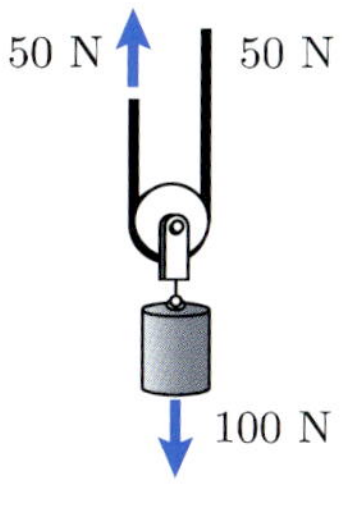

움직 도르래는 이동시키려는 물체와 축이 연결된다. 줄의 한쪽은 단단히 고정되어 있고 다른 한쪽에 힘을 주어 물체를 움직이게 된다. 움직 도르래는 힘의 작용점을 바꾸는 것과 동시에 절반의 힘으로 물체를 이동할 수 있게 해준다. 그러나 고정 도르래보다 두 배의 길이만큼 줄을 잡아당겨야 하므로 하는 일의 양은 같아진다.

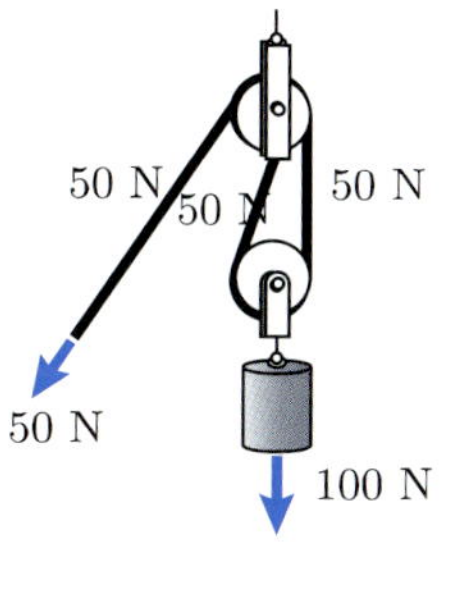

실제 사용되는 대부분의 도르래는 고정 도르래와 여러 개의 움직 도르래를 함께 사용한 복합 도르래이다. 복합 도르래의 움직 도르래는 1/2의 힘으로 물체를 움직일 수 있는 이점을 주고 고정 도르래는 안정적인 자세로 작업을 할 수 있도록 해준다. 정약용이 고안한 거중기는 복합 도르래의 일종이다.

3 실험 기구

- 실험보드
- 큰 도르래(1개), 작은 도르래(2개)
- 용수철저울
- 도르래 블록
- 추걸이
- 추: 100 g(2개)
- 실타래

4 실험 방법

1) 도르래의 마찰효과

이론적으로는 도르래의 마찰을 무시하지만 실제로는 지렛대에 비해 마찰의 효과가 더 두드러진다. 실험을 통해 이를 확인한다.

1. 용수철저울에 200 g의 추를 올린 추걸이를 직접 매달아 무게 W를 측정해서 표 1에 기록한다.
2. 그림 1과 같이 장치를 설치한다.
3. 용수철저울의 눈금을 읽어서 표 1의 F(두들기기 전)에 기록한다.
4. 실험보드를 톡톡 두드리고 나서 다시 용수철저울의 무게 눈금을 읽고 표 1의 F'(두들긴 후)에 기록한다.
5. 용수철저울로 직접 측정한 무게 W와 도르래를 통해 측정한 F의 차이를 구하여 표 1에 기록한다.
6. F'에 대해서도 W와의 차이를 구하여 표 1에 기록한다.

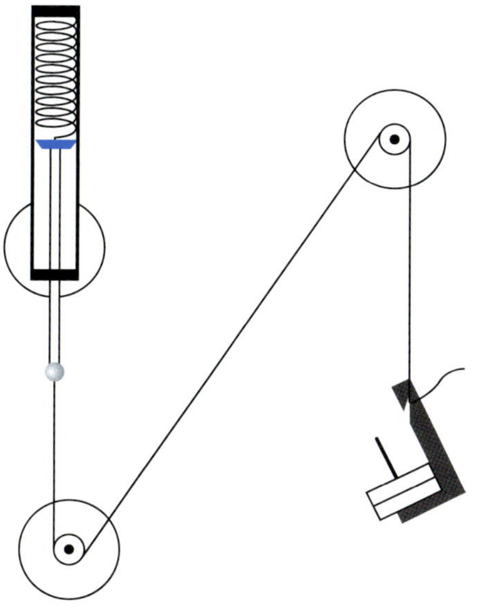

그림 1

도움말

마찰이 존재하지 않는 이상적인 도르래에서는 용수철저울의 힘이 매달린 질량에 완전히 전달될 것이다. 즉 $F=W$가 된다.

2) 도르래의 힘의 전달

1. 용수철저울에 도르래 블록과 100 g의 추를 올린 추걸이를 직접 매달아 무게 W를 측정해서 표 2에 기록한다.
2. 실험보드에 테이프로 흰 종이를 붙이고 그림 2에 나타낸 첫 번째 장치를 설치한다.
3. 용수철저울의 눈금을 읽어 표 2의 F에 기록한다.
4. W와 F의 비율을 계산하여 표 2에 기록한다.
5. 용수철저울과 매달린 추의 위치를 실험보드에 붙인 종이에 펜으로 표시해 둔다.
6. 용수철저울을 위쪽으로 천천히 밀어 올린다. 이러한 동작을 충분히 느리게 실행한다면 용수철저울에서 읽은 값이 크게 변하지 않을 것이다.
7. 용수철저울과 매달린 추의 각각의 위치 변화 h_1, h_2를 측정하여 표 2에 기록한다.
8. 용수철저울이 한 일 $\text{Work} = Fh_1$, 매달린 질량이 지구의 일정한 중력계에서 위로 올라갈 때 생긴 위치에너지의 변화 $\Delta U = Wh_2$를 계산하여 표 2에 기록한다.
9. 두 값의 %오차를 계산하여 표 2에 기록한다.
10. 실험보드에 그림 2의 두 번째 장치를 설치한다.
11. 3～9 과정을 반복하여 그 결과를 표 3에 기록한다.
12. 실험보드에 그림 2의 세 번째 장치를 설치한다.
13. 3～9 과정을 반복하여 그 결과를 표 4에 기록한다.

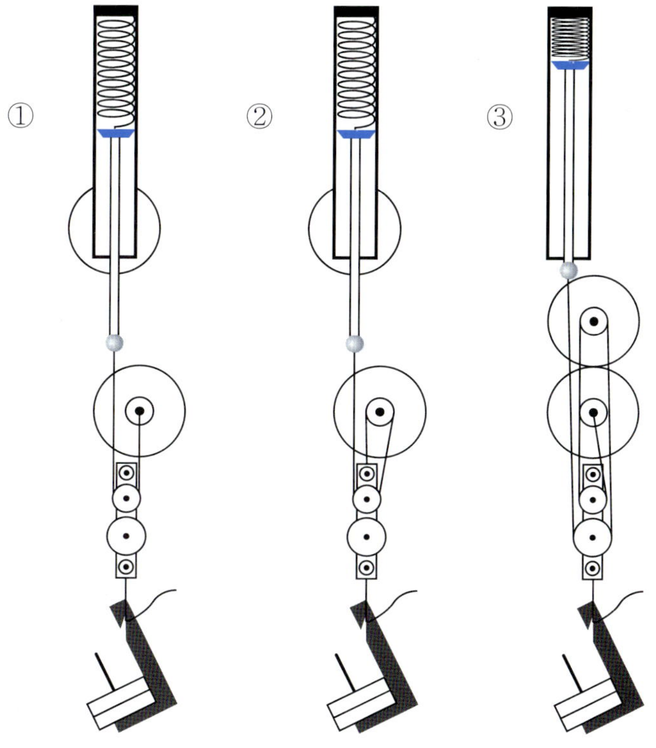

그림 2

쉬어가기

정약용이 수원 화성을 쌓기 위해 고안한 거중기

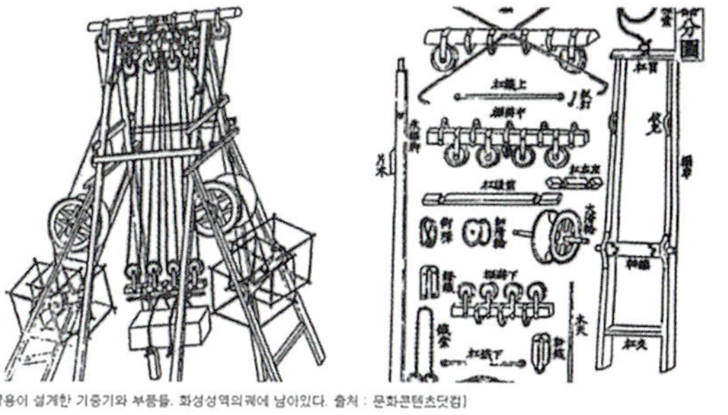

[정약용이 설계한 기중기와 부품들. 화성성역의궤에 남아있다. 출처 : 문화콘텐츠닷컴]

잠깐 실험 기구의 유무를 확인하고 실험 시작

		실험장비	개수	실험 전	실험 후
		실험보드	1		
A		경사면	1		
B		수직추	1		
C		마찰블록	1		
D		용수철저울	1		
E		토크휠	1		
F		각도자	1		
G		고정핀	1		
H		추걸이	3		
I		도르래 블록	1		
	1	박스	1		
	2	토크표시기	4		
J	3	축받이통	3		
	4	실타래	1		
	5	링	1		
	1	100 g	2		
	2	50 g	2		
K	3	20 g	4		
	4	10 g	2		
		클립	10		
L		굴림추	1		
M		평면추	1		
N		큰 도르래	1		
O		작은 도르래	2		
P		피벗 장착대에 끼운 균형막대	1		

A.
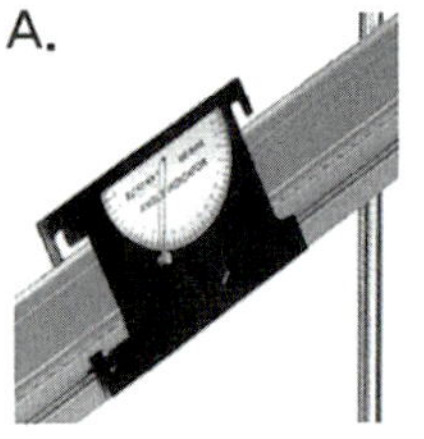

H.

I.

B.

J.
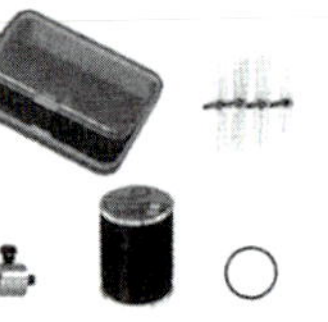

C.

K.

D.

L.
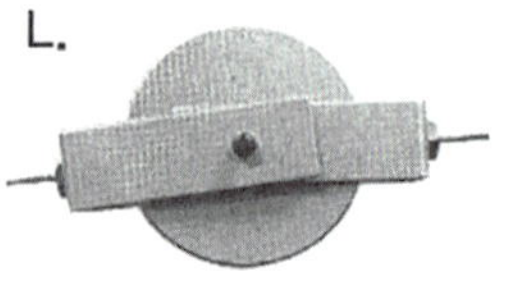

M.

E.

N.

O.

P.

F.
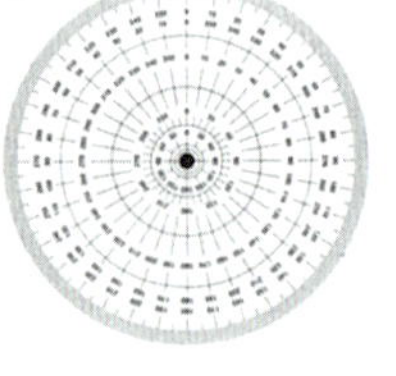

G.

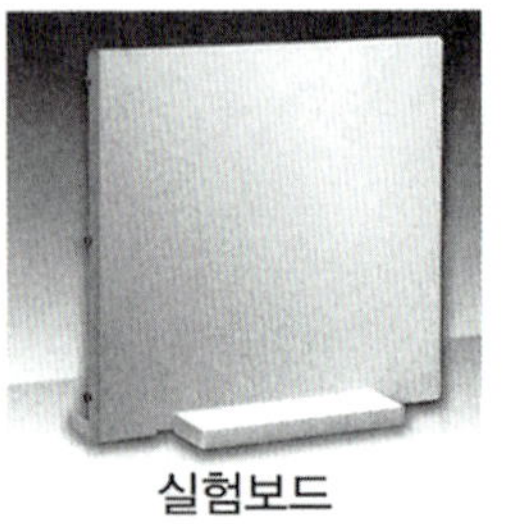

실험보드

종료 후 실험 기구의 유무를 확인받읍시다.

조교확인 : ㊞ 일자 :

Report 10 도르래

학과:	이름(조):	공동실험자:
학번:		
실험수행일자:	당일 레포트 완성	1주 후 레포트 완성
조교확인: ㊞	조교확인: ㊞	조교확인: ㊞

1 실험 목적

2 핵심 이론

3 결과 및 분석

1) 도르래의 마찰효과

표 1

W(N):

	1회	2회	3회	4회	5회
F(두들기기 전) $W-F$ F(두들긴 후) $W-F'$					

2) 도르래의 힘과 일의 전달

표 2

W(N)	F(N)	W/F	h_1(mm)	h_2(mm)	Work	ΔU	%오차

표 3

W(N)	F(N)	W/F	h_1(mm)	h_2(mm)	Work	ΔU	%오차

표 4

W(N)	F(N)	W/F	h_1(mm)	h_2(mm)	Work	ΔU	%오차

분석

도움말

움직 도르래의 수가 늘어날수록 같은 무게의 물체를 들어 올리는 데 필요한 힘의 크기는 작아진다.

A.

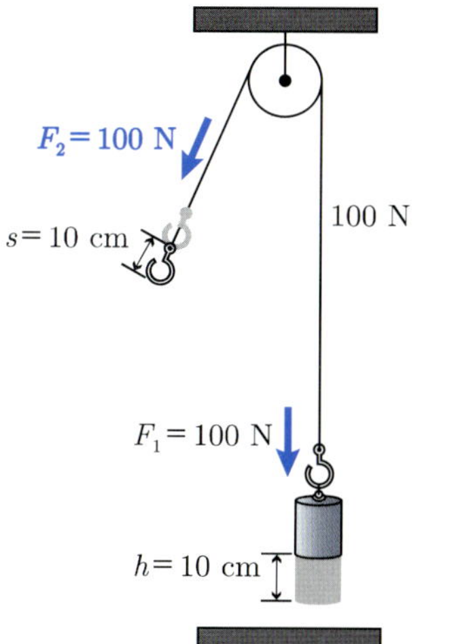

B.

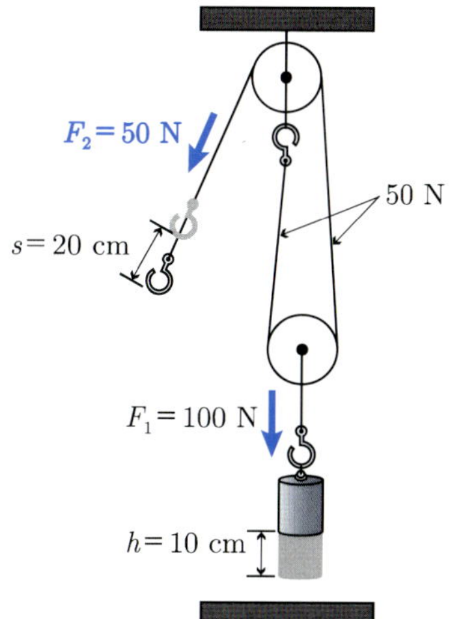

C.

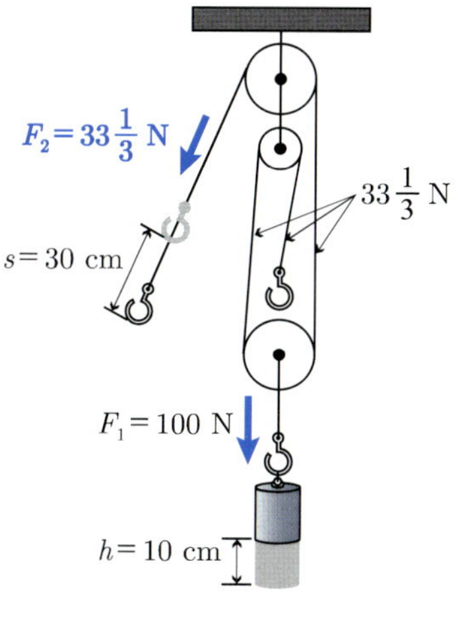

D.

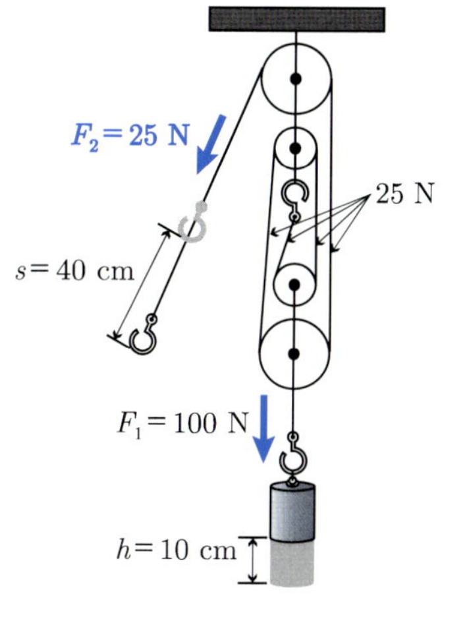

보너스 점수

단순기계(simple machine)란 힘의 방향이나 크기를 바꾸는 역학적 장치를 말한다. 다음의 6가지 대표적인 단순기계에 대해 원리와 기능을 설명하시오.

1) 지렛대(Lever)

2) 바퀴와 축(Wheel and axle)

3) 도르래(Pulley)

4) 경사면(Inclined plane)

5) 쐐기(Wedge)

6) 나사(Screw)

조교확인 : ㊞ 일자 :

횡파의 정상파

Experiment 11

1 실험 목적

양 끝이 고정된 줄을 위아래로 진동시켜 횡파의 정상파를 만들어보자. 이때 줄의 길이, 두께, 당기는 힘, 그리고 무게 등에 따른 조화진동수의 변화를 관찰한다.

2 실험 이론

가장 간단한 역학적 파동의 모형은 팽팽한 줄을 따라 진행하는 파동이다. 줄의 한쪽 끝을 고정하고 다른 한쪽에서 계속 위아래로 흔들어주면 출렁거림이 줄을 따라 연속적으로 진행하는 것을 볼 수 있다.

그림과 같이 위 방향으로 최대변위를 갖는 지점을 마루(crest)라 하고, 아래 방향으로 최대변위를 갖는 지점을 골(trough)이라 한다. 줄의 각 지점이 마루와 골 사이를 번갈아 나타내는 사인함수 모양을 나타낸다. 이처럼 파동의 진행방향과 진동방향이 수직인 파동을 횡파라고 부른다.

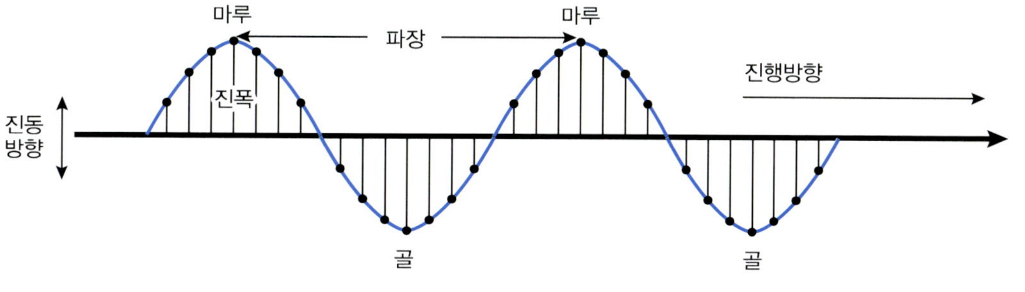

사인파의 골과 골 사이 혹은 마루와 마루 사이처럼 2개의 동일한 점 사이의 최소거리를 파장이라 하고, 기호 λ로 표시한다. 진폭은 평형점에 대한 최대변위라고 한다.

양쪽 끝이 고정된 팽팽한 줄을 고유진동수로 진동시키면, 줄의 양 끝은 항상 마디가 되고 가운데에 배가 위치하는 정상파가 형성된다. 이때의 진동수를 기본진동수라 한다.

기본진동수의 배수로 흔들어 주면 배의 수가 동일한 배수로 증가한다. 기본진동수에 의한 정상파를 1차 조화모드라 하고 기본진동수의 n배가 되는 조화진동수에 의한 정상파를 n차 조화모드라 한다. 표에 모드별 정상파모양과 배의 수, 그리고 줄의 길이 L과 파장 λ의 관계를 나타내었다.

조화모드	파형	배의 수	길이–파장 관계
1차		1	$L=\frac{1}{2}\lambda_1,\ \lambda_1=2L$
2차	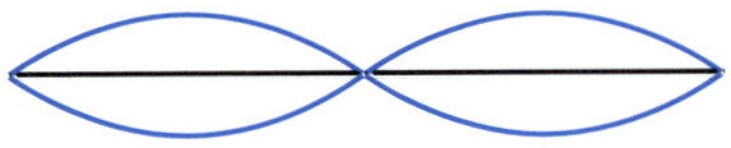	2	$L=\frac{2}{2}\lambda_2,\ \lambda_2=L$
3차	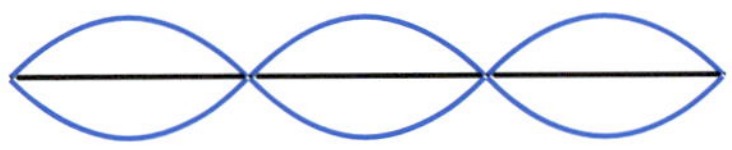	3	$L=\frac{3}{2}\lambda_3,\ \lambda_3=\frac{2L}{3}$
4차	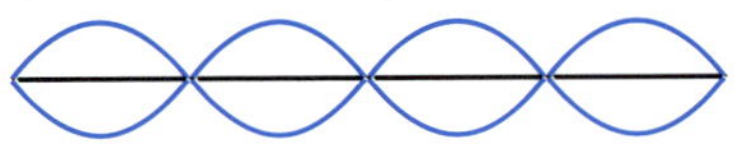	4	$L=\frac{4}{2}\lambda_4,\ \lambda_4=\frac{2L}{4}$
5차	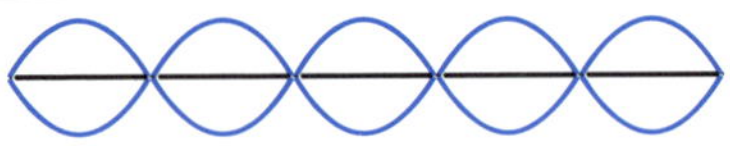	5	$L=\frac{5}{2}\lambda_5,\ \lambda_5=\frac{2L}{5}$
	…		
n차	?	n	$L=\frac{n}{2}\lambda_n,\ \lambda_n=\frac{2L}{n}$

파의 전달속도는 $v=\lambda f$이므로 진동수는 $f=\frac{v}{\lambda}$로 정의된다. 한편 양 끝이 고정된 줄에 생긴 정상파의 파장 λ는 표에 나타낸 바와 같이 줄의 길이 L과 $\lambda=\frac{2L}{n}$의 관계를 지니므로 n차 조화진동수는

$$f_n=\frac{v}{\lambda_n}=\frac{n}{2L}v$$

으로 주어진다.

즉 n차 조화진동수는 줄의 길이 L과 전달속도 v에 따라 정해진다.

한편 파의 전달속도는 줄의 선밀도 μ와 당기는 장력 T에 대해 $v=\sqrt{\frac{T}{\mu}}$ 관계를 지니므로 n차 조화진동수를 줄의 길이 L, 장력 T, 그리고 선밀도 μ로 나타낼 수 있다.

$$f_n=\frac{n}{2L}\sqrt{\frac{T}{\mu}}$$

즉 $n=1$에 해당하는 1차 조화진동수인 기본진동수는 $f_1=\frac{1}{2L}\sqrt{\frac{T}{\mu}}$로 정해지고, 각 조화진동수 $f_2=2f_1,\ f_3=3f_1,\ f_4=4f_1,\ f_5=5f_1,\ \cdots,\ f_n=nf_1$이 된다.

3 실험 기구

조교확인: ㊞

모양	이름	실험 전	실험 후
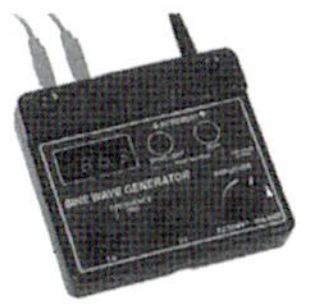	사인파 발생기 (Sine Wave Generator)		
	바나나 잭 (Banana Cable)		
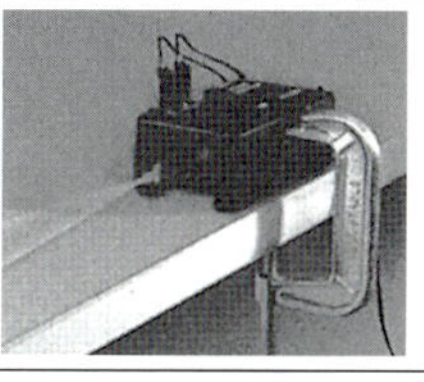	줄 진동기 (String Vibrator)		
	C자형 죔쇠(C Clamp)		
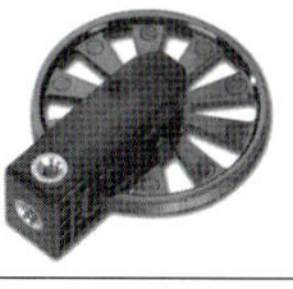	도르래(Super Pulley)		
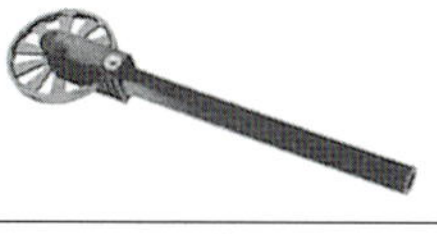	도르래 지지막대 (Mounting rod for Super Pulley)		
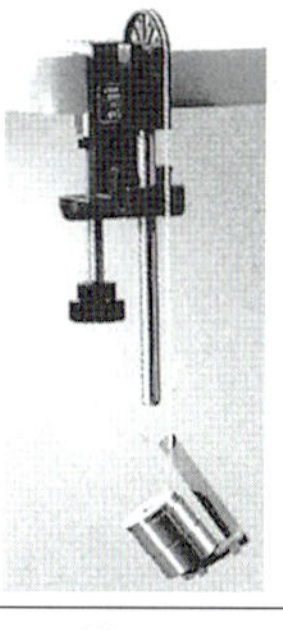	범용 테이블 죔쇠 (Universal Table Clamp)		
	질량 추와 추걸이 세트 (Mass and Hanger Set)		
	비탄성 줄(Inelastic Cord)		
	탄성 줄(Elastic Cord)		
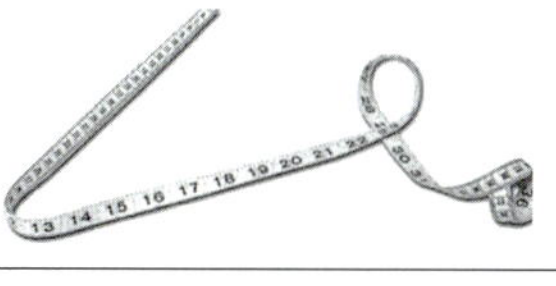	줄자		

종료 후 꼭 실험 기구의 유무를 확인받읍시다.

잠깐 새로운 장비의 사용법을 먼저 익히고 실험을 합시다.

사인파 발생기 사용법

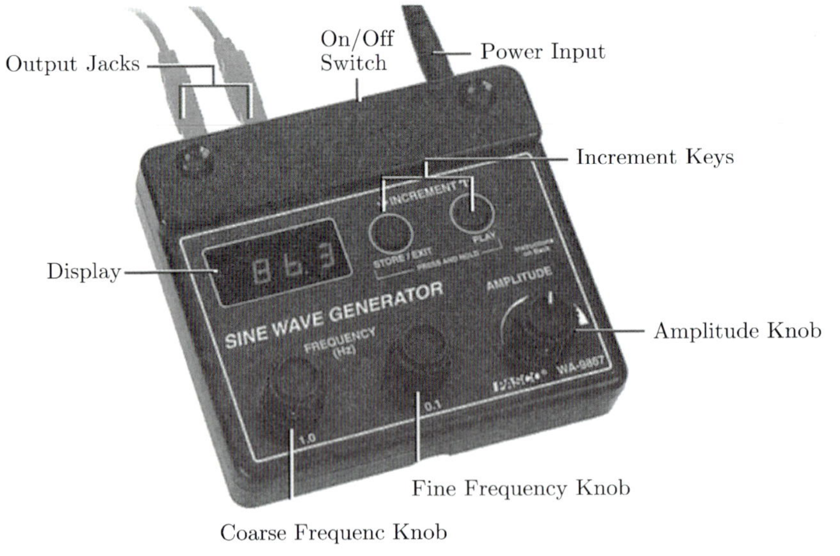

- Display(디스플레이 창): 사인 파동의 진동수 표시(스위치를 켜면 기본진동수 100 Hz 표시)
- Increment Keys(증가 키): 100 Hz씩 감소(왼쪽), 증가(오른쪽)
- Coarse Frequency Knob(진동수 거친(성긴)조절 손잡이): 1.0 ~ 800 Hz 구간의 진동수를 1 Hz 간격으로 조절
- Fine Frequency Knob(진동수 미세조절 손잡이): 0.1 Hz 간격으로 미세 조절
- Amplitude Knob(진폭 조절 손잡이): 진폭 조절

4 실험 방법

1) 장치 설치

1. 줄자의 150 cm 지점이 테이블의 한쪽 끝에 오도록 실험대에 테이프로 고정시킨다.
2. 줄 진동기를 C자형 죔쇠로 고정시킨다. 이때 진동자의 끝이 줄자의 0 cm가 되도록 줄 진동기의 위치를 정한다.
3. 도르래를 도르래 지지막대와 연결하고 실험대의 한쪽 끝에 범용 테이블 죔쇠로 고정시킨다.
4. 비탄성 줄의 한쪽 끝을 진동자에 건다. 이때 줄을 세 번 정도 매듭져야 빠지지 않는다.
5. 줄의 다른 끝에 추걸이를 매단 후 도르래를 거쳐 아래로 늘어뜨린다.
6. 추걸이에 150 g의 추를 걸어 줄이 느슨하지 않도록 한다. 이때 줄이 책상 면에 평행하도록 도르래의 높이를 조정한다.
7. 바나나 잭을 사용하여 사인파 발생기와 줄 진동기를 연결한다.
8. 전원을 연결한다.

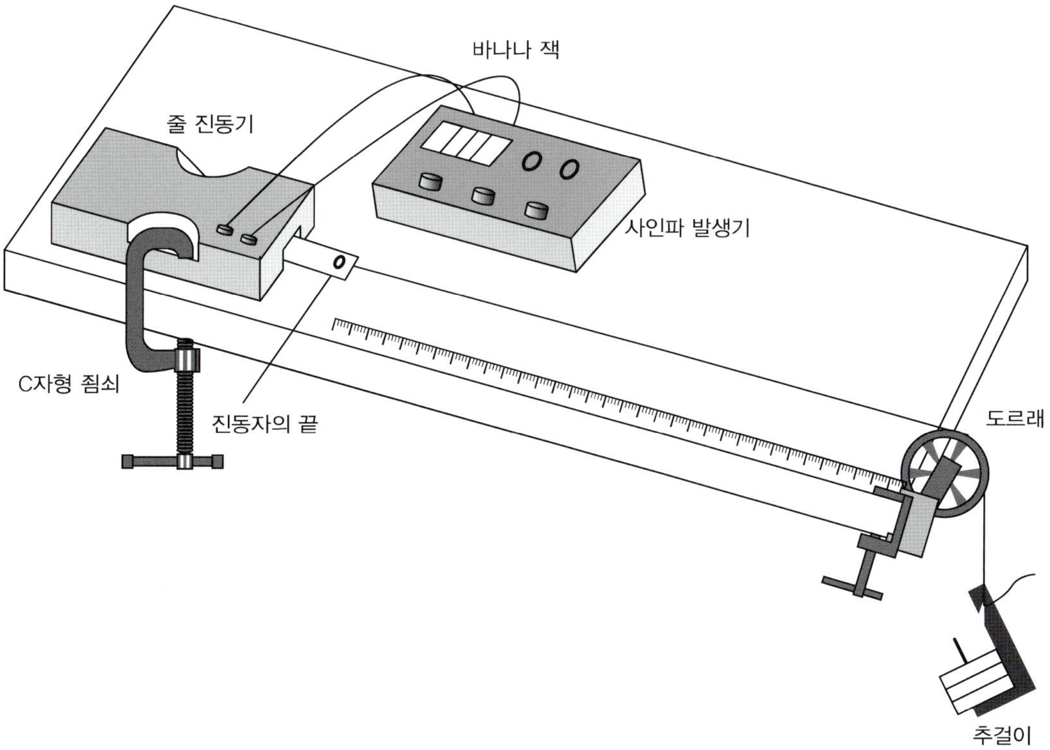

그림 1

2) 줄의 길이와 고유진동수의 관계

1. 실험 장치에 비탄성 줄이 설치되어 있음을 확인하고 사인파 발생기의 전원 스위치를 켠다.
2. 사인파 발생기의 진동수 거친조절 손잡이를 왼쪽으로 돌려 디스플레이 창에 1 Hz가 표시되는 것을 확인한다.
3. 한 실험자가 줄자의 100 cm 지점에 위치하는 줄의 부분을 두 손가락으로 잡는다.

※ 이때 실험자는 줄과 눈높이를 맞추어 손으로 줄을 지그시 잡고 책상 면과 평행한지 확인하며 줄이 당겨지지 않도록 주의한다.

4. 다른 실험자가 사인파 발생기의 진동수를 천천히 높이면서 두 실험자 모두 줄의 가운데가 배를 이루는 정상파가 생기는지를 관찰한다.
5. 정상파가 생기기 시작하면 진동수 미동조절 손잡이를 좌우로 돌리면서 배의 위아래 사이의 거리가 최대가 될 때 디스플레이 창에 표시된 진동수를 읽어 결과표의 해당란에 기록한다.
6. 실험자 손의 위치를 줄자의 75 cm, 50 cm, 25 cm 지점으로 옮기면서 4～5 실험을 반복한 후, 사인파 발생기의 전원스위치를 끈다.
7. 줄의 길이에 대한 고유진동수의 변화를 그래프로 나타낸다. 수직축에는 진동수 f를, 수평축에는 길이 L을 나타낸다.
8. 실험 장치에서 줄을 탄성줄로 교체하고 사인파 발생기의 전원스위치를 켠다.
9. 2～7 실험을 동일하게 수행한다.

3) 줄의 장력과 고유진동수의 관계

1. 실험 장치에 탄성줄이 걸려 있음을 확인하고 진동자의 끝에서 도르래 중간까지의 길이가 80 cm가 되도록 줄 진동기의 위치를 정한다.
2. 실험대에 고정되어 있는 줄자를 떼어낸 후 진동자의 끝에서 추걸이(추는 매달지 않음)까지의 길이 l_0를 잰다.

※ 이때 탄성줄이 늘어나지 않도록 주의한다.

3. 150 g의 추를 건 상태에서 늘어난 길이 l을 잰다.
4. $\mu = \frac{l_0}{l}\mu_0$ 식을 사용하여 늘어난 탄성줄의 선밀도를 구한다.
5. 사인파 발생기의 전원을 켜고, 진동수를 천천히 높이면서 줄의 가운데가 배를 이루는 기본모드의 정상파가 생기도록 하고, 그때의 진동수를 결과표에 기록한다.
6. 정상파의 파장 λ를 길이 L로 확산하여 결과표에 기록한다.
7. 배의 개수가 3개, 5개가 되도록 5 ~ 6 과정을 반복수행한 후 사인파 발생기의 전원을 끈다.
8. 추를 250 g, 350 g을 차례로 달아 2 ~ 7 과정을 반복한다.

4) 장력과 파의 속도

1. 측정된 진동수 f와 파장 λ로 $v_{측정} = f \times \lambda$를 계산하여 결과표의 해당란에 기록한다.
2. 선밀도 μ와 장력 T를 대입하여 $v_{이론} = \sqrt{\frac{T}{\mu}}$를 구하여 결과표의 해당란에 기록한다.
3. $v_{측정}$과 $v_{이론} = \sqrt{\frac{T}{\mu}}$의 %오차를 계산하여 결과표의 해당란에 기록한다.

Report 11

횡파의 정상파

학과:	이름(조):	공동실험자:
학번:		
실험수행일자:	당일 레포트 완성	1주 후 레포트 완성
조교확인: ㊞	조교확인: ㊞	조교확인: ㊞

1 실험 목적

2 핵심 이론

3 결과 및 분석

1) 줄의 길이와 고유진동수의 관계

1. 비탄성 줄

1개의 배가 생길 때의 진동수

실의 길이	25 cm	50 cm	75 cm	100 cm
진동수(Hz)				

2. 탄성줄

1개의 배가 생길 때의 진동수

실의 길이	25 cm	50 cm	75 cm	100 cm
진동수(Hz)				

그래프

2) 줄의 장력과 고유진동수의 관계

1. 탄성줄에 150 g의 추를 걸어주었을 때

$\mu_0 = 0.00443 \text{ kg/m}$

$T = (0.005 + 0.15) \times 9.8 = 1.519 \text{ N}$

$l_0 =$ m, $l =$ m, $\mu =$ kg/m

조화차수 (n)	배의 수	진동수 f(Hz)	파장(cm) $\lambda = \frac{2L}{n}$	속도(m/s)		오차율(%)
				$v_{측정} = f \times \lambda$	$v_{이론} = \sqrt{\frac{T}{\mu}}$	
1차	1					
3차	3					
5차	5					

2. 탄성줄에 250 g의 추를 걸어주었을 때

$\mu_0 = 0.00443 \text{ kg/m}$

$T = (0.005 + 0.25) \times 9.8 = 2.449 \text{ N}$

$l_0 =$ m, $l =$ m, $\mu =$ kg/m

조화차수 (n)	배의 수	진동수 f(Hz)	파장(cm) $\lambda = \frac{2L}{n}$	속도(m/s)		오차율(%)
				$v_{측정} = f \times \lambda$	$v_{이론} = \sqrt{\frac{T}{\mu}}$	
1차	1					
3차	3					
5차	5					

3) 탄성줄에 350 g의 추를 걸어주었을 때

$$\mu_0 = 0.00443\ \mathrm{kg/m}$$

$$T = (0.005 + 0.35) \times 9.8 = 3.479\ \mathrm{N}$$

$$l_0 = \qquad \mathrm{m},\ l = \qquad \mathrm{m},\ \mu = \qquad \mathrm{kg/m}$$

조화차수 (n)	배의 수	진동수 f(Hz)	파장(cm) $\lambda = \frac{2L}{n}$	속도(m/s)		오차율(%)
				$v_{측정} = f \times \lambda$	$v_{이론} = \sqrt{\frac{T}{\mu}}$	
1차	1					
3차	3					
5차	5					

분석

종파의 정상파

Experiment 12

1 실험 목적

양 끝이 고정된 스프링 기둥을 위아래로 진동시켜 정상파를 만들어 보자. 이때 스프링의 길이와 당기는 힘에 따른 조화진동수의 변화를 관찰해보자.

2 실험 이론

용수철을 앞뒤로 흔들었다 놓으면 용수철의 촘촘한 상태와 성근 상태가 용수철의 길이 방향을 따라서 생성되며 전달되어 나가는 것을 볼 수 있다. 이처럼 파가 나아가는 방향과 진동이 일어나는 방향이 나란한 파를 종파라고 부른다.

그림에서 (a)는 자연상태 용수철의 각 지점을 1, 2, 3, …, 9로 표시한 것이고, (b)는 이를 앞뒤로 흔들었을 때 각 지점의 변화된 위치 1′, 2′, 3′, …, 9′을 나타낸 것이다. (c)는 각 지점의 좌우변위를 수평선을 기준으로 위아래로 나타낸 사인모양파이다. 지점 5는 이동하지 않았으므로 선상에 나타내고, 지점 3이 앞쪽으로 이동한 거리만큼 아래에 나타낸다. 반대로 지점 7은 뒤쪽으로 이동한 거리만큼 위에 나타낸다. 이웃하는 지점과의 간격이 가장 촘촘한 부분을 "밀"로, 이웃하는 지점과의 간격이 가장 성근 부분을 "소"로 표시한다. 밀과 밀 사이 혹은 소와 소 사이의 거리를 파장이라 한다.

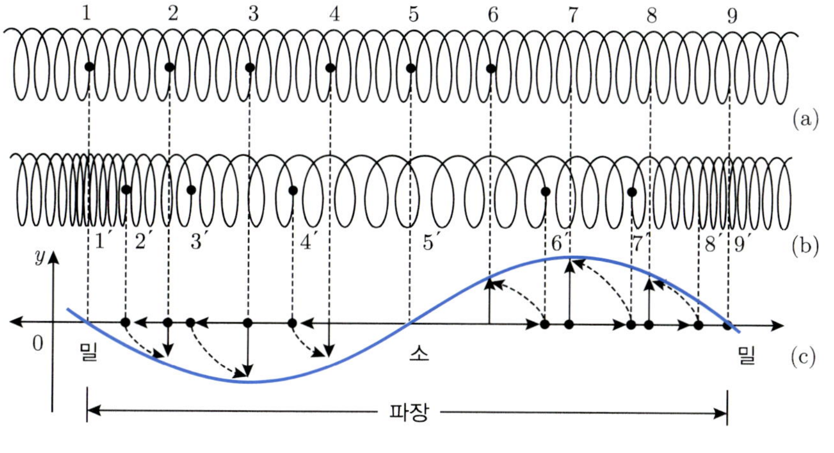

양쪽 끝이 고정된 용수철을 앞뒤로 고유진동수로 흔들면 용수철을 따라 진행하는 파와 끝부분에서 반사된 파의 중첩으로 정상파가 생긴다. 양 끝이 진동하지 않는 마디(node)가 되고, 가운데는 좌우로 크게 진동하는 배(antinode)를 이룬다. 기본모드에서는 가운데 마디가 없고, 2차 조화모드에서는 가운데에 마디가 하나 생기고 3차 조화모드에서는 가운데에 마디가 2개 생긴다. 같은 원리로 n차 조화모드에서는 $n-1$개의 마디가 관찰된다.

그림은 예로서 양쪽 끝이 고정된 용수철을 앞뒤로 진동시켜 정상파를 관찰한 사진이다. 첫 줄의 사진은 가운데에 3개의 마디가 생긴 4차 조화모드이고, 두 번째 사진은 진동수를 증가시켜 정상파가 사라진 모습이며, 세 번째 사진은 더 높은 진동수에서 가운데에 6개의 마디가 생긴 7차 조화모드이다.

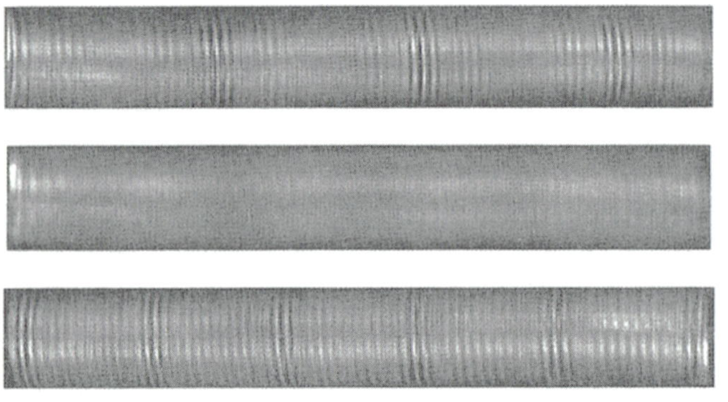

질량 m인 용수철의 고유진동수는 다음 식으로 주어진다.

$$f_1 = \frac{1}{2}\sqrt{\frac{k}{m}}$$

여기서 k는 용수철 상수로서 k가 작을수록 일정 힘에 대한 길이 변화가 큼을 의미한다. 용수철의 고유진동수는 용수철 상수와 질량에 따라 정해지고, 길이에는 무관함에 유의해야 한다. 파의 전달속도는 $v = f \times \lambda$이므로 길이가 L인 용수철의 기본모드(1차 조화모드)에서는 $\lambda_1 = 2L$, $f_1 = \frac{1}{2}\sqrt{\frac{k}{m}}$를 대입하면 전달속도는 $v = 2L \times \frac{1}{2}\sqrt{\frac{k}{m}} = L\sqrt{\frac{k}{m}}$가 된다. 한편 n차 조화모드에서도 $f_n = nf_1$, $\lambda_n = \frac{2L}{n}$을 대입하면 $v = \frac{2L}{n} \times \frac{n}{2}\sqrt{\frac{k}{m}} = L\sqrt{\frac{k}{m}}$로 일정하다.

3 실험 기구

조교확인: ㉠

모양	이름	실험 전	실험 후
	사인파 발생기 (Sine Wave Generator)		
	바나나 잭 (Banana Cable)		
	강철 막대(Steel Rod)		
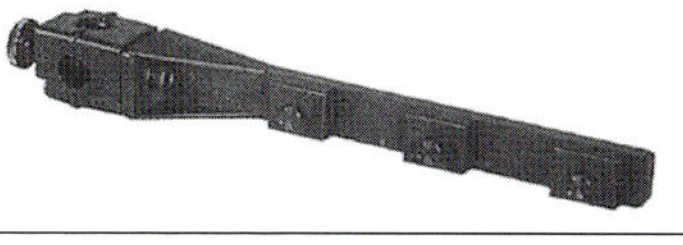	진자 죔쇠 (Pendulum Clamp)		
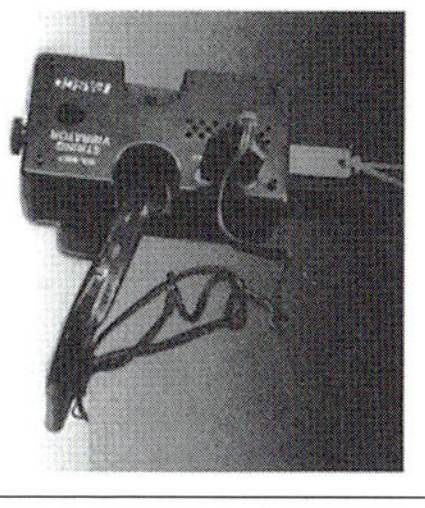	줄 진동기 (String Vibrator)		
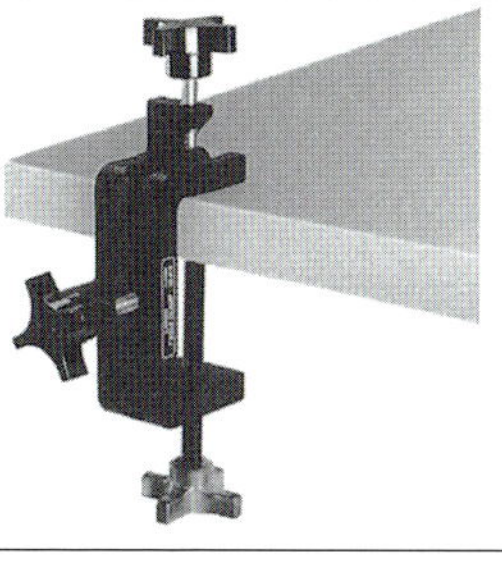	범용 테이블 죔쇠 (Universal Table Clamp)		
	용수철(Inelastic Cord)		
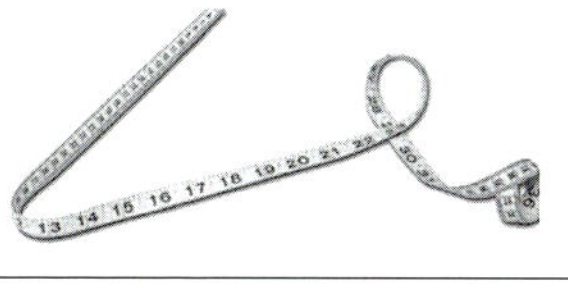	줄자		

종료 후 꼭 실험 기구의 유무를 확인받읍시다.

4 실험 방법

1) 장치 설치

1. 범용 테이블 점쇠를 실험대에 고정시킨다.
2. 강철 막대를 범용 테이블 점쇠에 꽂아 움직이지 않도록 잘 조인다.
3. 줄 진동기를 강철 막대 하단에 고정시키고 바나나 잭을 사용하여 사인파 발생기와 연결한다.
4. 진자 죔쇠를 강철 막대 상단에 줄 진동기와 같은 방향을 향하도록 설치한다.
5. 용수철의 한쪽 끝을 진동자의 끝에 걸고 다른 쪽 끝을 당겨 진자 죔쇠에 고정시킨다.

※ 용수철과 진동자의 끝이 수직이 되도록 한다.

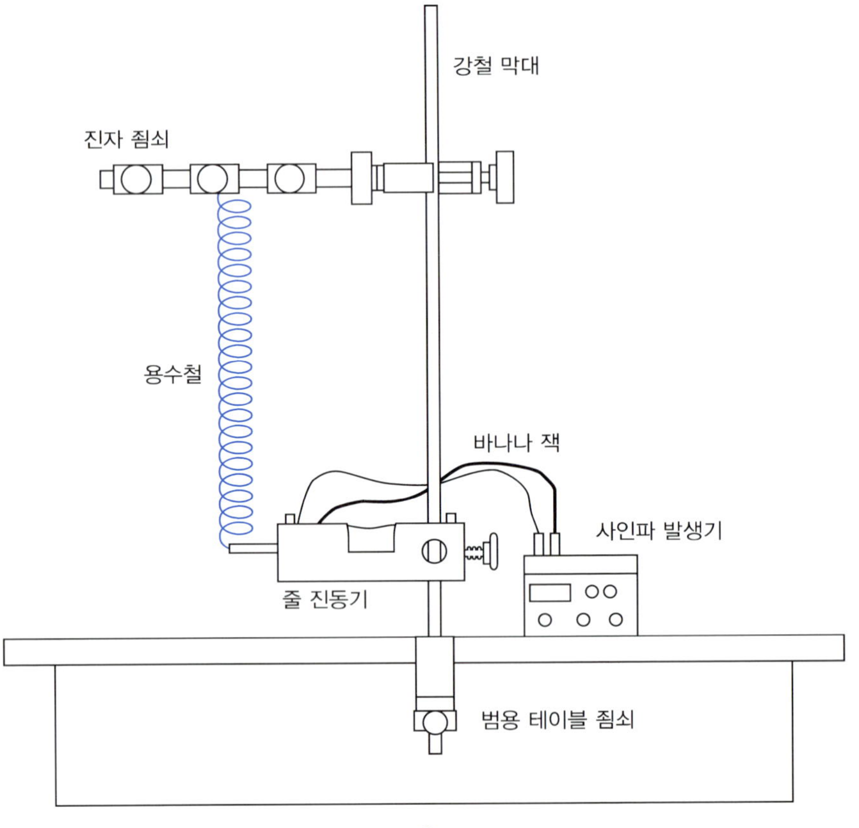

그림 1

2) 용수철의 길이와 조화진동수

1. 용수철의 총 길이가 40 cm가 되도록 진자 죔쇠의 위치를 조정한다.
2. 사인파 발생기의 전원을 켠 뒤, 용수철의 가운데에 3개의 마디가 생기도록 진동수를 조절하고 그 진동수를 결과표의 해당란에 기록한다.
3. 3개의 마디가 생겼을 때의 파장 λ를 구하고 결과표의 해당란에 기록한다.
4. 마디의 개수가 5개, 7개, 9개, 11개가 되도록 2～3 과정을 반복한 후 사인파 발생기의 전원을 끈다.

※ 정상파가 만들어지면 안정되기까지 기다린 후 다음 실험을 수행한다.

5. 용수철의 총 길이를 50 cm로 하여 1～4 과정을 반복한다.
6. 용수철의 총 길이를 60 cm로 하여 1～4 과정을 반복한다.
7. 조화차수와 진동수의 관계를 그래프로 나타낸다.

※ 수직축에는 진동수 f를, 수평축에는 조화차수를 나타낸다.

3) 용수철의 길이와 파의 속도

1. $v_{측정} = f \times \lambda$를 계산하여 결과표의 해당란에 기록한다.
2. 용수철 상수 k와 용수철 질량 m을 대입하여 $v_{이론} = \sqrt{\frac{k}{m}}$를 구하여 결과표의 해당란에 기록한다.
3. $v_{측정}$과 $v_{이론}$의 %오차를 계산하여 결과표의 해당란에 기록한다.

Report 12

종파의 정상파

학과:	이름(조):	공동실험자:
학번:		
실험수행일자:	당일 레포트 완성	1주 후 레포트 완성
조교확인: ㊞	조교확인: ㊞	조교확인: ㊞

1 실험 목적

2 핵심 이론

3 결과

(1) 용수철의 길이 $L = 40\text{ cm}$, $k = 0.769$, $m = 0.0167\text{ kg}$

조화차수 (n)	마디수	진동수 f(Hz)	파장(cm) $\lambda = \frac{2L}{n}$	속도(m/s)		오차율(%)
				$v_{측정} = f \times \lambda$	$v_{측정} = \sqrt{\frac{k}{m}}$	
4차	3					
6차	5					
8차	7					
10차	9					
12차	11					

(2) 용수철의 길이 $L = 50\text{ cm}$, $k = 0.769$, $m = 0.0167\text{ kg}$

조화차수 (n)	마디수	진동수 f(Hz)	파장(cm) $\lambda = \frac{2L}{n}$	속도(m/s)		오차율(%)
				$v_{측정} = f \times \lambda$	$v_{측정} = \sqrt{\frac{k}{m}}$	
4차	3					
6차	5					
8차	7					
10차	9					
12차	11					

(3) 용수철의 길이 $L = 60\text{ cm}$, $k = 0.769$, $m = 0.0167\text{ kg}$

조화차수 (n)	마디수	진동수 f(Hz)	파장(cm) $\lambda = \frac{2L}{n}$	속도(m/s)		오차율(%)
				$v_{측정} = f \times \lambda$	$v_{측정} = \sqrt{\frac{k}{m}}$	
4차	3					
6차	5					
8차	7					
10차	9					
12차	11					

그래프

분석

줄의 공명

Experiment 13

1 실험 목적

줄의 공명현상을 이용하여 줄의 길이나 장력에 따른 고유진동수의 변화를 측정해보자.

2 실험 이론

양쪽 끝이 고정된 줄을 진동시키면 줄을 따라 진행하는 파동과 양 끝에서 반사하는 파동이 연속적으로 중첩된다. 줄 자체가 지닌 고유진동수의 배수로 흔들어주면 중첩된 파동의 진폭이 급격히 증가하는 공명현상이 일어난다.

그림 1(a)에 반대 방향으로 진행하는 두 파동(가는 실선과 점선)과 그들의 중첩으로 형성되는 파동(굵은 실선)을 나타내었다. 두 파동의 위상이 반대가 되는 순간에 중첩파동이 사라지고(첫 번째 그림), 그 후로 두 파동의 위상이 비슷해질수록 마루와 골의 차이가 커지다가(두 번째 그림), 다시 두 파동의 위상이 반대가 되면 마찬가지로 중첩파동이 사라지고(세 번째 그림), 더 진행하여 두 파동의 위상이 비슷해지면 골과 마루의 위치가 뒤바뀐다(네 번째 그림). 즉 마디의 위치가 변하지 않고 골과 마루의 위치만 교대로 바뀐다. 따라서 그림 1(b)와 같이 그 자리에서 진동을 하는 것이어서 정지파 혹은 정상파(standing wave)라 부른다.

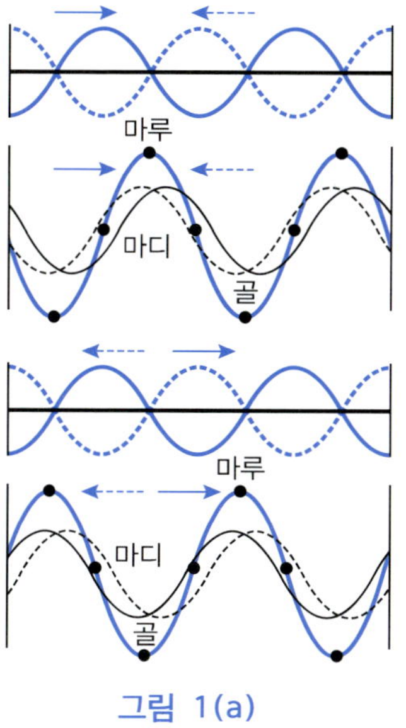

그림 1(a)

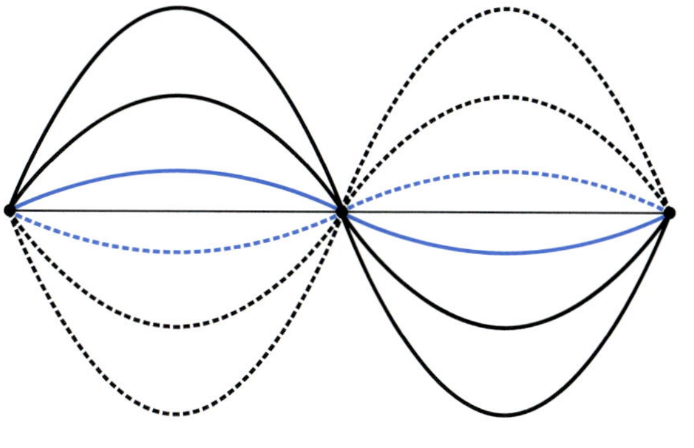
그림 1(b)

장력 T를 가하여 팽팽하게 당겨진 줄의 고유진동수는 $f = \frac{1}{2L}\sqrt{\frac{T}{\mu}}$ 로 정의한다. 여기서 L은 줄의 길이고, μ는 단위길이당 질량을 나타내는 선밀도로서 줄의 재질이나 굵기에 따라 다르다. 동일한 재질의 줄이라도 가볍고 가늘수록, 혹은 짧을수록 높은 고유진동수를 지닌다.

양 끝이 고정된 줄을 자체의 고유진동수로 진동시키면 가운데가 배를 이루는 정상파가 생긴다. 또한 고유진동수의 배수가 되는 조화진동수에 대해서도 공명이 일어난다. 2배 진동에 대해서는 2개의 배를, n배 진동에 대해서는 n개의 배를 지닌 정상파가 생긴다.

기타는 줄의 공명현상을 이용하여 다양한 음계의 소리를 내는 현악기이다. 클래식 기타의 경우는 6개의 줄로 이루어져 있는데, 줄의 재질이나 굵기가 서로 다르다. "1번" 줄이 가장 얇으므로 높은 고유진동수의 고음을 내고, "6번" 줄은 두꺼워서 낮은 고유진동수의 저음을 낸다. 각 줄의 조화진동수로 높은 옥타브의 음계도 연주할 수 있다. 또한 동일한 줄이라도 손가락으로 누르는 위치에 따라 프렛에 닿는 줄의 길이를 조절할 수 있다.

줄	재질	크기(인치)	음계
1	나일론	0.010	
2	나일론	0.013	
3	나일론	0.017	
4	나일론+동선	0.026	
5	명주실+동선	0.036	
6	명주실+동선	0.046	

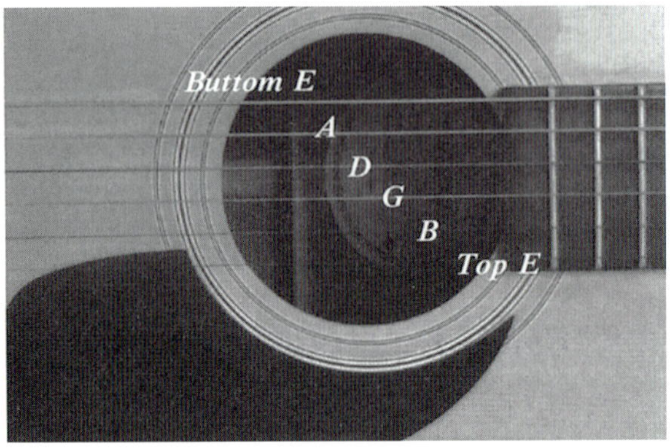

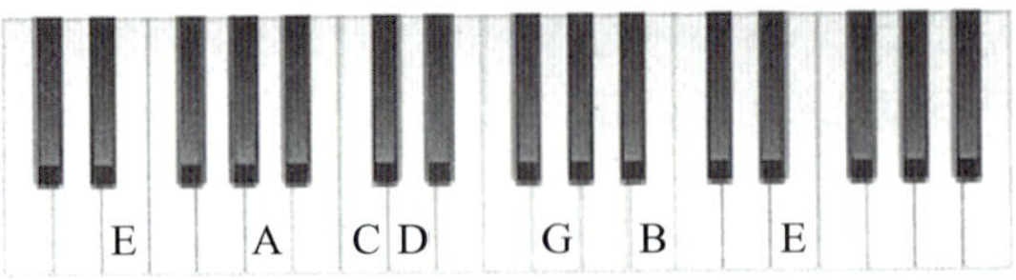

3 실험 장비 및 부품

조교확인: ㊞

모양	이름	실험 전	실험 후
	사인파 발생기 (Sine Wave Generator)		
	바나나 잭 (Banana Cable)		
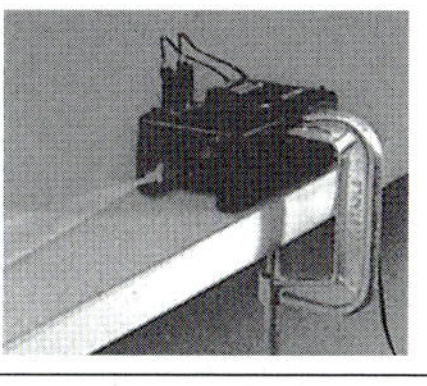	줄 진동기 (String Vibrator)		
	C자형 죔쇠 (C Clamp)		
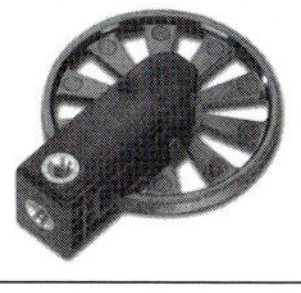	도르래 (Super Pulley)		
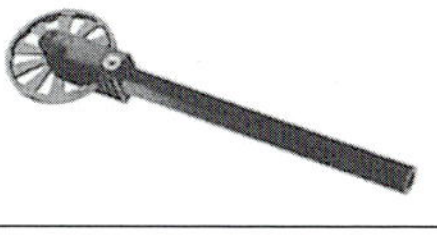	도르래 지지막대 (Mounting rod for Super Pulley)		
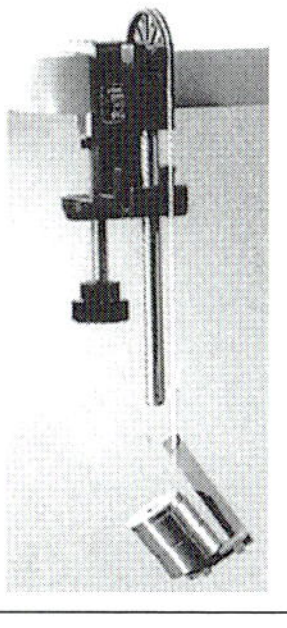	범용 테이블 죔쇠 (Universal Table Clamp)		
	질량 추와 추걸이 세트 (Mass and Hanger Set)		
	얇은 비탄성 줄(Inelastic Cord)		
	두꺼운 비탄성 줄(Inelastic Cord)		
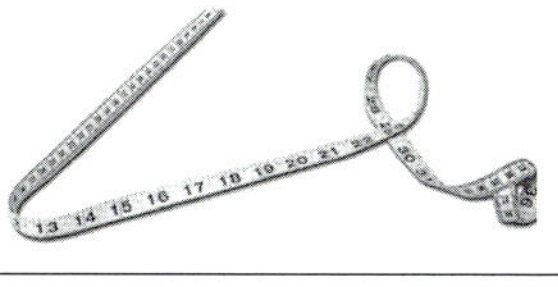	줄자		

종료 후 실험 기구의 유무를 확인받읍시다.

잠깐 새로운 장비의 사용법을 먼저 익히고 실험

사인파 발생기 사용법

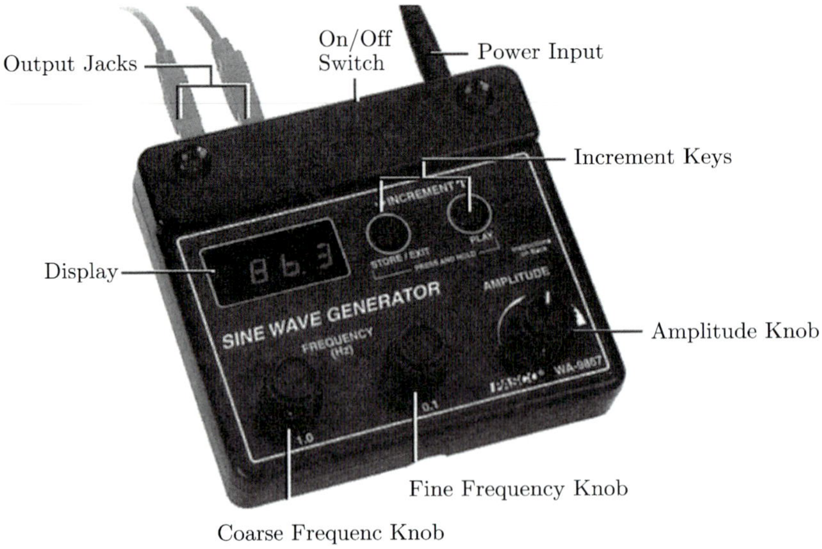

- Display(디스플레이 창): 사인 파동의 진동수 표시(스위치를 켜면 기본 진동수 100 Hz 표시)
- Increment Keys(증가 키): 100 Hz씩 감소(왼쪽), 증가(오른쪽)
- Coarse Frequency Knob(진동수 거친(성긴)조절 손잡이): 1.0～800 Hz 구간의 진동수를 1 Hz 간격으로 조절
- Fine Frequency Knob(진동수 미세조절 손잡이): 0.1 Hz 간격으로 미세 조절
- Amplitude Knob(진폭 조절 손잡이): 진폭 조절

④ 실험 장치 설치

1. 그림 2와 같이 줄자를 실험대에 테이프로 고정시킨다.
2. 줄 진동기를 C자형 죔쇠로 고정시킨다. 이때 진동자의 끝이 줄자의 0 cm가 되도록 줄 진동기의 위치를 정한다.
3. 도르래를 실험대의 한쪽 끝에 범용 테이블 죔쇠로 고정시킨다.
4. 얇은 비탄성 줄의 한쪽 끝을 진동자에 건다. 이때 줄을 세 번 정도 매듭져야 빠지지 않는다.
5. 줄의 다른 끝에 추걸이를 매단 후 도르래를 거쳐 아래로 늘어뜨린다.
6. 추걸이에 200 g의 추를 걸어 줄이 느슨하지 않도록 한다. 이때 줄이 책상 면에 평행하도록 도르래의 높이를 조정한다.
7. 바나나 잭을 사용하여 사인파 발생기와 줄 진동기를 연결한다.
8. 전원을 연결한다.

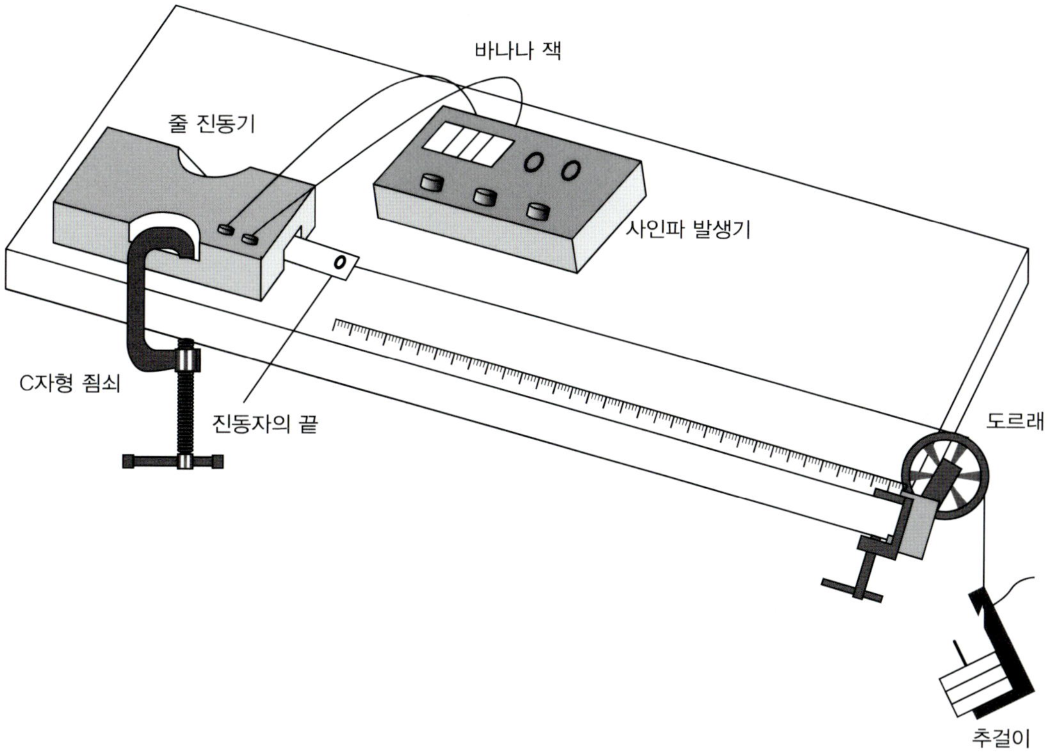

그림 1

5 실험 방법

1) 줄의 길이와 고유진동수의 관계

1. 실험 장치에 얇은 비탄성 줄이 설치되어 있음을 확인하고 사인파 발생기의 전원 스위치를 켠다.
2. 사인파 발생기의 진동수 거친 조절 손잡이를 왼쪽으로 돌려 디스플레이 창에 1 Hz가 표시되는 것을 확인한다.
3. 한 실험자가 줄자의 100 cm 지점에 위치하는 줄의 부분을 두 손가락으로 잡는다.

※ 이때 손으로 잡은 줄이 당겨지지 않도록 주의한다.

4. 다른 실험자가 사인파 발생기의 진동수를 천천히 높이면서 두 실험자 모두 줄의 가운데가 배를 이루는 정상파가 생기는지를 관찰한다.
5. 정상파가 생기기 시작하면 진동수 미세조절 손잡이를 좌우로 돌리면서 배의 위아래 사이의 거리가 최대가 될 때 디스플레이 창에 표시된 진동수를 읽어 결과표의 해당란에 기록한다.
6. 실험자 손의 위치를 줄자의 90 cm, 60 cm, 30 cm 지점으로 옮기면서 4~5 실험을 반복한 후, 사인파 발생기의 전원 스위치를 끈다.
7. 줄의 길이에 대한 고유진동수의 변화를 그래프로 나타낸다. 수직축에는 진동수 f를, 수평축에는 길이 L을 나타낸다.
8. 실험 장치에서 줄을 탄성줄로 교체하고 사인파 발생기의 전원 스위치를 켠다.
9. 2~7 실험을 동일하게 수행한다.

2) 줄의 장력과 고유진동수의 관계

1. 실험 장치에 두꺼운 비탄성 줄이 걸려 있음을 확인하고 사인파 발생기의 전원을 켠다.
2. 한 실험자가 줄자의 60 cm 지점에 위치하는 줄의 부분을 두 손가락으로 잡는다.

※ 손으로 줄을 잡을 때 당겨지지 않도록 주의한다.

3. 다른 실험자가 사인파 발생기의 주파수를 조절하여 줄의 가운데에 생기는 배의 위아래 사이의 거리가 최대가 될 때 디스플레이 창에 표시된 주파수를 읽어 결과표의 해당란에 기록한다.
4. 실험자 손가락의 위치는 그대로 두고, 약간의 힘을 주어 줄을 당겨서 정상파의 배가 사라지도록 한다.
5. 다른 실험자가 사인파 발생기의 주파수를 조절하여 줄의 가운데에 다시 배가 생기도록 하고, 그때의 주파수를 결과표의 해당란에 기록한다.

※ 이때 줄을 당기고 있는 실험자는 손의 떨림을 최소화하여 당기는 힘을 일정하게 유지해야 한다.

6. 5 실험에서 손가락의 위치는 그대로 두고 더 큰 힘으로 줄을 당겨서 정상파의 배가 사라지도록 한다.
7. 다른 실험자가 사인파 발생기의 주파수를 조절하여 줄의 가운데에 다시 배가 생기도록 하고, 그때의 주파수를 결과표의 해당란에 기록한다.

※ 이때도 줄을 당기고 있는 실험자는 손의 떨림을 최소화하여 당김 힘을 일정하게 유지해야 한다.

8. 각 당기는 힘에 대한 고유진동수의 차이를 막대그래프로 나타낸다. 수직축에는 주파수 f를, 수평축에는 당김 힘의 정도를 나타낸다.
9. 실험 장치에 얇은 비탄성 줄로 교체하고 사인파 발생기의 전원 스위치를 켠다.
10. 2~8 실험을 동일하게 수행한다.

Report 13

줄의 공명

학과:	이름(조):	공동실험자:
학번:		
실험수행일자:	당일 레포트 완성	1주 후 레포트 완성
조교확인: ㉞	조교확인: ㉞	조교확인: ㉞

1 실험 목적

2 핵심 이론

3 실험 결과

1) 줄의 길이와 고유진동수의 관계

1. 얇은 비탄성 줄

1개의 배가 생길 때의 진동수

실의 길이	30 cm	60 cm	90 cm	120 cm
진동수(Hz)				

2. 두꺼운 비탄성 줄

1개의 배가 생길 때의 진동수

실의 길이	30 cm	60 cm	90 cm	120 cm
진동수(Hz)				

그래프

2) 줄의 장력과 고유진동수의 관계

1개의 배가 생길 때의 진동수

줄의 종류 / 당기는 힘	얇은 비탄성 줄	두꺼운 비탄성 줄
없음 약한 힘 센 힘		

막대그래프

분석

일반물리학실험 01

2019년 8월 16일 1판 1쇄 펴냄 | 2021년 2월 1일 1판 2쇄 펴냄
지은이 신홍기 · 이용산 · 이정재
펴낸이 류원식 | **펴낸곳** **교문사**

편집팀장 모은영 | **책임편집** 안영선 | **본문편집** 김미진 | **표지디자인** 유선영
제작 김선형 | **홍보** 김은주 | **영업** 함승형 · 박현수 · 이훈섭

주소 (10881) 경기도 파주시 문발로 116(문발동 536-2)
전화 031-955-6111~4 | **팩스** 031-955-0955
등록 1968. 10. 28. 제406-2006-000035호
홈페이지 www.gyomoon.com | E-mail genie@gyomoon.com
ISBN 978-89-363-1864-2 (93420) | 값 14,000원